建筑设计要素丛书

自然要素
Natural Elements

郑东军　王若玎　编著

中国建筑工业出版社

图书在版编目（CIP）数据

自然要素 = Natural Elements / 郑东军，王若玎编
著.— 北京：中国建筑工业出版社，2022.6
（建筑设计要素丛书）
ISBN 978-7-112-27343-0

Ⅰ.①自⋯ Ⅱ.①郑⋯ ②王⋯ Ⅲ.①建筑设计
Ⅳ.①TU2

中国版本图书馆CIP数据核字（2022）第068747号

责任编辑：唐　旭　吴　绫
文字编辑：李东禧　孙　硕
书籍设计：锋尚设计
责任校对：赵　菲

建筑设计要素丛书
自然要素
Natural Elements
郑东军　王若玎　编著
*
中国建筑工业出版社出版、发行（北京海淀三里河路9号）
各地新华书店、建筑书店经销
北京锋尚制版有限公司制版
北京中科印刷有限公司印刷
*
开本：787毫米×1092毫米　1/16　印张：12½　字数：238千字
2022年8月第一版　　2022年8月第一次印刷
定价：**48.00**元
ISBN 978-7-112-27343-0
　　（39084）
版权所有　翻印必究
如有印装质量问题，可寄本社图书出版中心退换
（邮政编码100037）

◈ 总序

何为建筑？

何为建筑设计？

这些建筑的基本问题和思考，不同的建筑师有着不同的体会和答案。

就建筑形式和构成而言，建筑是由多个要素构成的空间实体，建筑设计就是对相关要素的组合，所谓设计能力亦是对建筑要素的组合能力。

那么，何为建筑要素？

建筑要素是个大的范畴和体系，有主从之分和相互交叉。本丛书结合已建成的优秀案例，选取九个要素，即建筑中庭、建筑入口、建筑庭院、建筑外墙、建筑细部、建筑楼梯、外部环境、绿色建筑和自然要素，图文并茂地进行分析、总结，意在论述各要素的形成、类型、特点和方法，从设计要素方面切入设计过程，给建筑学以及相关专业的学生在高年级学习和毕业设计时作为参考书，成为设计人员的设计资料。

我们在教学和设计实践中往往遇到类似的问题，如有一个好的想法或构思，但方案继续深化，就会遇到诸如"外墙如何开窗？入口形态和建筑细部如何处理？建筑与外部环境如何融合？建筑中庭或庭院在功能和形式上如何组织？"等具体的设计问题；再如，一年级学生在建筑初步中所做的空间构成，非常丰富而富有想象力，但到了高年级，一结合功能、环境和具体的设计要求就会显得无所适从，不少同学就会出现一强调功能就是矩形平面，一讲造型丰富就用曲线这样的极端现象。本丛书就像一本"字典"，对不同要素的建筑"语言"进行了总结和展示，可启发设计者的灵感，犹如一把实用的小刀，帮助建筑设计师游刃有余地处理建筑设计中各要素之间的关联，更好地完成建筑设计创作，亦是笔者最开心的事。

经过40多年来的改革开放，中国取得了举世瞩目的建设成就，涌现出大量具有时代特色的建筑作品，也从侧面反映了当代建筑教育的发展。从20世纪80年代的十几所院校到如今的300多所，我国培养了一批批建筑设计人才，成为设计、管理、教育等各行业的专业骨干。从建筑教育而言，国内高校大多采用类型的教学方法，即在专业课建筑设计教学中，从二年级到毕业设计，通过不同的类型，从小到大，由易至难，从不同类型的特殊性中学习建筑的共性，即建筑设计的理论和方法，这是专业教育的主线。而建筑初步、建筑历史、建筑结构、建筑构造、城乡规划和美术等课程作为基础课和辅线，完成对建筑师的共同塑造。虽然在进入21世纪后，各高校都在进行教学改革，致力于宽基础、强专业的执业建筑师培养，各具特色，但类型的设计本质上仍未改变。

本书中所研究的建筑要素，就是建筑不同类型中的共性，有助于专业人士在建筑教学过程中和设计实践中不断地总结并提高认识，在设计手法和方法上融会贯通，不断与时俱进。

这就是建筑要素的重要性所在，两年前郑州大学建筑学院顾馥保教授提出了编写本丛书的构想并指导了丛书的编写工作。顾老师1956年毕业于南京工学院建筑学专业（现东南大学），先后在天津大学、郑州大学任教，几十年的建筑教育和创作经历，成果颇丰。郑州大学建筑学院组织学院及省内外高校教师，多次讨论选题和编写提纲，各分册以1/3理论、2/3案例分析组成，共同完成丛书的编写工作。本丛书的成果不仅是对建筑教学和建筑创作的总结，亦是从建筑的基本要素、基本理论、基本手法等方面对建筑设计基本问题的回归和设计方法的提升，其中大量新建筑、新观念、新手法的介绍，也从一个侧面反映了国内外建筑创作的发展和进步。本书将这些内容都及时地梳理和总结，以期对建筑教学和创作水平的提升有所帮助。这亦是本丛书的特点和目标。

谨此为序。在此感谢参与丛书编写的老师们的工作和努力，感谢中国建筑出版传媒有限公司（中国建筑工业出版社）胡永旭副总编辑、唐旭主任、吴绫副主任对本丛书的支持和帮助！感谢李东禧编审、孙硕编辑、陈畅编辑的辛苦工作！也恳请专家和广大读者批评、斧正。

郑东军

2021年10月26日

于郑州大学建筑学院

前言

什么是好的建筑设计？答案因项目而异、因人而异。

因为建筑设计不是数学，没有标准答案，同样的设计条件，不同的建筑师会有不同的设计方案。

但有一点可以肯定，那就是建筑师对自然要素的关注，因为自然要素在设计中与设计构思、场地布局、平面功能、外观造型、空间设计和景观环境等有着密切的关联。

自然要素一般而言包括气候、地形、地质、位置、水文、土壤、资源、植被、生物、灾害等，从建筑设计与自然要素的相互关系而言，本分册主要对自然光、河流、水体、植物、风、地形地貌等自然要素，即风、光、水、土、木等自然要素在设计中的运用进行分析和总结。

从宏观层面而言，建筑活动展示了人类对自然的改造，又隐含着人与自然相互依赖、互为限制与制约的关系，因为建筑源于自然，从建筑起源上看，建筑成为人类抵御自然力的第一道屏障。人类利用自然，改造自然，创造建筑，并把自然要素融入建筑内部或外部环境，这种方法成为建筑创作的重要手段。现代建筑更是把"阳光、水、植物"等自然要素作为建筑设计切入点和方法，在百余年发展过程中不断推陈出新，从有机建筑、新陈代谢、仿生建筑、新乡土建筑到自然建筑、绿色生态，体现了建筑的发展是人与自然不断抗衡与共生的过程，是人与自然关系的变化过程，这些都成为人类建筑发展的内在因素，对当代建筑的形成、发展和未来走向起着根本性的作用。

在中观层面，人类营造建筑的目的和本质就是为了更大限度地改善空间，提高居住质量。如今越来越多的人意识到建筑创作与环境问题有着不可割裂的关系，"环境共生""生态建筑""绿色低碳"等新的设计理念已经日益受到重视，建筑不仅是追求为人类营造舒适、便利的生存空间，更要注重建筑对环境的影响，体现与自然的和谐统一。建筑创作中不仅要发挥自然光、水体、植物等要素在设计中的作用，也要关注自然对人类生产、生活带来的赐予与威胁，因此，当代建筑的发展方向就是以追求人、建筑、自然的和谐关系为目的。

在微观层面，建筑设计是空间设计和空间意境的传达过程，建筑空间对于使用者来说，其使用价值并不是单纯的围成空间的实体构件，而是建筑空间本身。正如老子所言："当其无，有室之用。"建筑空间环境是由建筑空间、形体、材料、色彩以及周围环境等各种要素相互组合构成的，是以丰富的空间层次和环境表现为基础的。在进行建筑设计时，关注建筑与自然环境的融合度，合理利用周边环境的自然要素，并将其引入建筑空间的表达中，才能使环境更具有意义，使人更易产生联想、进而提升建筑与自然要素形成一种全新的空间感受。

本书从建筑与自然要素相互关系入手，在归纳总结的基础上，结合建筑实例分析，图文并茂，对建筑设计中自然要素在设计构思、创作理念、空间处理、具体手法等方面的运用进行总结，以期对设计人员、高校相关专业学生有一定借鉴和参考。

目录

3 基于自然要素的设计理念与方法

4 建筑设计中自然要素的运用

1

概论

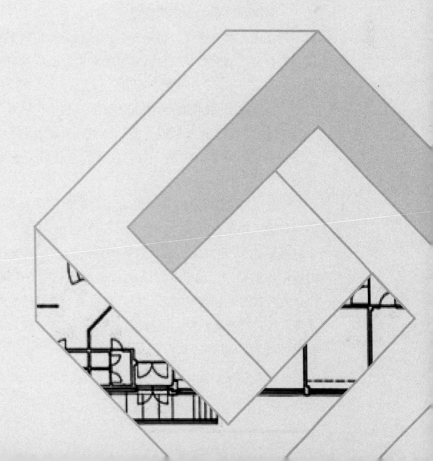

1.1 建筑与自然

1.1.1 人与自然的关系

人是自然的产物，建筑的产生源于人类对自然空间和遮蔽物的认识和利用，如天然洞穴和大树，是人类抵御自然力的第一道屏障。但自然洞穴不是建筑，建筑是人类对自然物的再排列，就像自然状态下的石块和树枝，经过人的劳动和创造，成为人们使用的空间和场所，建筑由此产生。

"自然"的概念在《辞源》中的解释为天然的、非人为的；在《现代汉语词典》中，"自然"是一个不能再解释的词根，它的修饰意义是不局促、不勉强、不呆板，从"自然"的衍生词"自然物"的解释可以理解：天然存在的，没有经过人类加工的东西，如草木、鱼虫、禽兽、矿物质等。自然环境中存在的风、光、水、草木、地质等都是自然的表现形式。

总的来说，人类发展依赖于自然，又能动地作用于自然，人既是自然的一部分，又是自然演化发展的新因素、新力量。人与自然的关系始终贯穿于人类社会的历史进程，是人类生存与发展的永恒主题。从这个角度入手，人与自然的关系可以从以下三个阶段来理解：

一是附属关系。人类社会早期，社会生产力不发达，人们的生活受制于自然界。光、水、空气、植物等都以原始姿态出现在人们生活中。在这一时期，人与自然的关系是一种低水平的和谐，人以顺应自然为主，居住以洞穴和穴居为主。

二是农业文明时期。人类开始征服并利用自然资源，这个时期，人类开始定居生活，聚落逐步形成，但社会生产力发展水平有限，自然环境还可以依靠自身进行修复，因此，人与自然的不和谐关系并没有引起人们足够的重视。

三是工业文明时期。随着工业革命的进程，人类生产力水平急速发展，特别是进入20世纪以来，科学技术日新月异，人类驾驭自然的能力和欲望越来越强烈，"人定胜天"成为这一时期的标志。科学技术进步带给人们巨大财富增长的同时，也助长了人类对自然无止境的索取。从工业革命发展至今，人与自然不和谐的关系已经严重威胁到人类的生存。为了人类的未来，实现人与自然和谐共处，可持续发展这一理念，成为当代人类面对生态危机在思想观念上的理性回归。

希腊学者道萨迪亚斯在其著作《人类聚居与生态学》中，将地球上不同地区可居住程度的影响因素分为海拔高度、气候、水资源三个方面，同时又将土地分为人类生活区域、工业区域、自然区域、农耕区域四种基本类型。人类在建设高度物质文明的同时，也给生态环境带来各种危机，随之而来的是森林砍伐、水土流失、植被破坏、水资源短缺、洪灾、土地沙漠化、农田被吞噬等大面积生态破坏。城市环境也存在人口膨胀、环境污染和交通堵塞等问题。

我国国土辽阔、自然资源丰富，但人均占有量偏低。可持续发展任重道远，因此，建筑活动和建筑设计必须强调以人、建筑和自然的谐共生为前提（图1-1-1）。

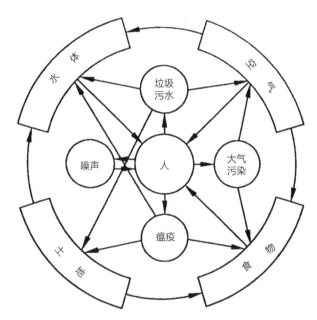

图1-1-1 人与自然环境

（图片来源：吴良镛. 广义建筑学［M］. 北京：清华大学出版社，2011.）

1.1.2 建筑与自然的关系

自然是建筑生存的土壤，自然界中的风、光、水、土、木等都是建筑创作中需要考虑的自然要素。尊重建筑所处的自然环境，才能使建筑技术和建筑艺术协调发展。

当代，人们越来越意识到建筑与自然环境有着密不可分的关系。何镜堂先生曾提出"两观三性"的理论，即建筑要坚持"整体观"和"可持续发展观"，建筑创作要表现出"地域性、文化性、时代性"的和谐统一，强调了建筑创作不应脱离所处的大环境；《北京宪章》指出"要保持建筑学在人居环境建设中主导专业的作用，就必须向时代和社会，加以扩展……"，"从观念上和理论基础上把建筑学、地景学、城市规划学的要点整合为一。"

所以，"整体性"是自然界最重要特征之一，也是自然环境和建筑所共同的基本特征。在建筑设计中，设计者应更多地思考在满足建筑创作的前提下，融入对自然环境中自然的处理，营造出环境与建筑之间的和谐纽带。正如圣地亚哥·卡拉特拉瓦所说："自然既是母亲，也是老师。"以自然为师，正是今天的建筑师所要深刻思考的问题。

吴良镛先生在《广义建筑学》中指出，"建筑不能脱离自然而存在"。古时，人们受当时生产技术等条件的制约，最大限度地利用日照、地形、植物等自然环境要素，在选址、布局、建筑材料的选择上，体现出古人在保证基本建筑需求的前提下，对建筑营造的重点是如何能"取自然之利，避自然之害"[①]，塑造舒适、安全的居住环境。

建筑都处于特定地域和人文环境之中，具有很强的地区性特点，建筑建成后便与周边环境形成稳定的关系，这种关系清晰地反映出建造者对环境的认识和利用。而自然环境要素也是一个重要的设计手段参与进建筑设计的过程中，如北方四合院民居建筑，具有广泛的适用性和实用性，是国人最喜爱的生活方式之一。内向性的院落空间不仅是居住者室外活动和交流的领地，也是与自然对话、纳凉、赏花、观鱼和欣赏四季变化的场所。院落布局依据地形，也可形成具有防御功能的堡寨建筑群。方正的空间，天似穹窿，是天地之合的缩影，体现出方圆之美，是中国古代"天人合一"哲学思想的反应，是人与人、人与大自然和睦相处的居住模式（图1-1-2）。

作为苗族、布依族、侗族、土家族等少数民族传统民居的吊脚楼（图1-1-3、图1-1-4），则多依山靠河就势而建，讲究朝向，或坐西向东，或坐东向西，体现了当地人民的生活方式、生产方式和居住环境。

随着建筑技术的进步，人类适应自然的能力不断增强，新技术、新材料、新形式层出不穷，推动了建筑发展和进步。作为19世纪英国建筑奇观之一的水晶宫（图1-1-5），约瑟夫·帕克斯顿在设计中采用了钢和玻璃作为建筑材料，使人们意识到这些新材料在建筑上的强度与耐久力，人们用建筑的手段解决空间问题的能力大大增强了，但同时也初步了解到钢和玻璃建造而成的建筑所造成温室效应的巨大可能性。建筑与自然的关系在现代进入了新阶段。

---

① 吴良镛. 广义建筑学 [M]. 北京：清华大学出版社，2011.

（a）山西民居街巷

（b）山西民居门楼

（c）四合院主院

（d）楼院与绿化

（e）皇城相府合院

（f）皇城相府依山而建的堡寨组合

图1-1-2　山西民居四合院
（图片来源：作者自摄）

图1-1-3　湘西吊脚楼
（图片来源：网络）

图1-1-4　重庆吊脚楼
（图片来源：网络）

图1-1-5　英国水晶宫
建筑
（图片来源：《Architecture
in the 20th Century》）

1.2　自然要素的构成

　　建筑的自然要素是个复杂的系统，包括气候、生物、资源、地质、地形、土壤、灾害、水文、植被、材料、位置等，不同的学科和专业有着不同的界定和要求。但这些要素都会不同程度地参与到建筑营建的每个过程中，它们之间相互联系、共同作用，形成了建筑系统，由于这种生成方式，建筑也就具有某种自然属性。本书中，我们从自然气候、自然地形和自然材料三大方面对自然要素的构成进行分析，这些要素与建筑设计较为密切（图1-2-1）。

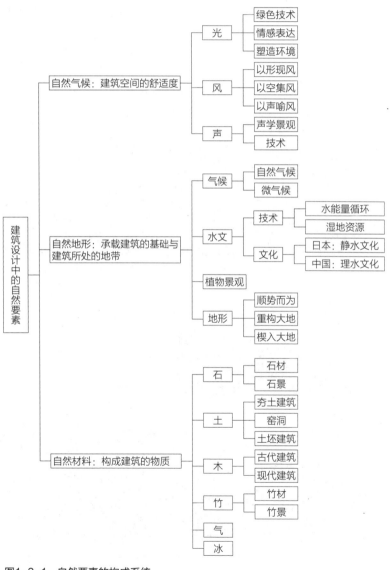

图1-2-1　自然要素的构成系统
（图片来源：郑东军、方广琳 绘）

纵观人类发展史，建筑的发展也是在一定自然观的指导下形成的，只有从内在的自然规律上对建筑与自然的关系充分认识，才能树立科学的建筑自然观。虽然人作为建筑系统的主体，对建筑的生成具有主导作用，但解决好人与自然、建筑与自然、建筑与人三者的相互关系是建筑科学发展和进步的前提。

建筑系统由各种自然要素及建筑要素综合而成。通常用大小、形状、体量、数量、质感、色彩等来描述建筑系统，这些性质会随着时间的变化而变化。其中，建筑功能是依据人类的需求而来的，从防御性功能到自然功能，如风的功能、水的功能等都是可以在建筑中加以利用，并对自然灾害如地震、台风等进行抵御。

总体来说建筑功能是自然功能的延伸，建筑功能的完善也需要通过自然功能的作用来实现。这是建筑与自然要素关系的基础，如图1-2-2~图1-2-4中进行的分析。

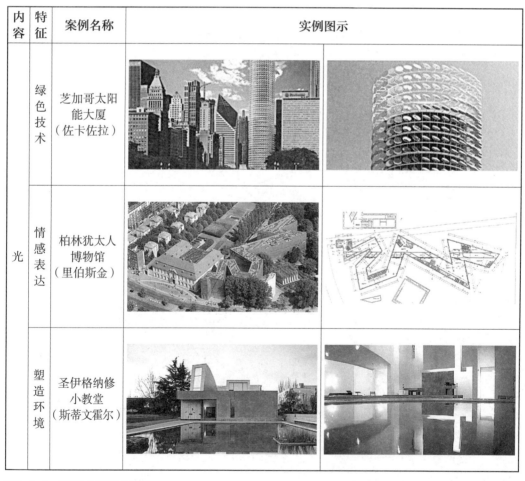

内容	特征	案例名称	实例图示	
光	绿色技术	芝加哥太阳能大厦（佐卡佐拉）		
	情感表达	柏林犹太人博物馆（里伯斯金）		
	塑造环境	圣伊格纳修小教堂（斯蒂文霍尔）		

图1-2-2 自然气候要素分析图
（图片来源：郑东军、方广琳 绘）

内容	特征	案例名称	实例图示
风	以形现风	阿姆斯特丹城市风车  	
风	以空集风	岭南民居  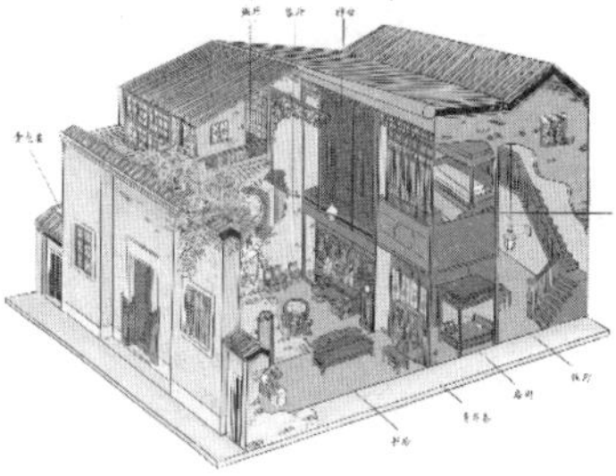	
风	以声喻风	风之教堂（安藤忠雄）  	
声	声学景观	日本水琴窟 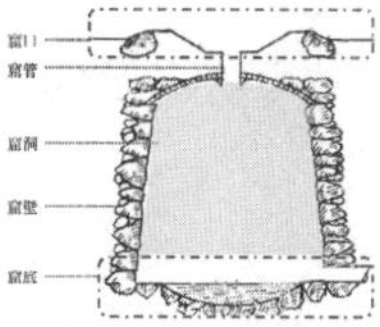 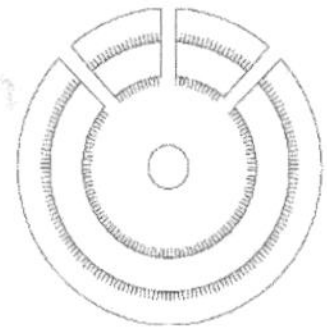	
声	声学景观	承德避暑山庄万壑松风  	
声	反射折射	北京天坛回音壁  	

图1-2-2 自然气候要素分析图（续）

（图片来源：郑东军、方广琳 绘）

内容	特征	案例名称	实例图示
气候	自然气候	新疆阿以旺	 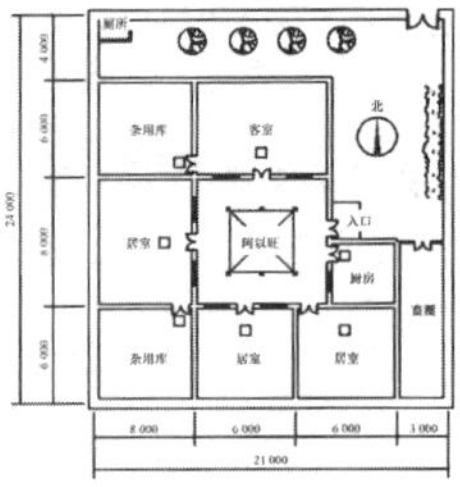
	微气候	法兰克福银行总部大楼	 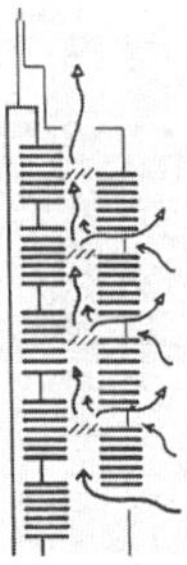 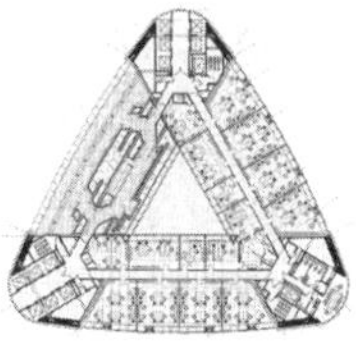
水文	技术	水能量循环：汉诺威世博会荷兰馆	 
		湿地资源：绍兴镜湖国家公园	  
	文化	日本静水文化	 
		中国理水文化	
植物景观		鹿野苑石刻博物馆（刘家琨）	  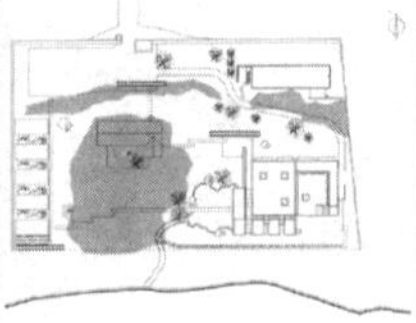

图1-2-3 自然地形要素分析图

（图片来源：郑东军、方广琳 绘）

内容	特征	案例名称	实例图示
地形	顺势而为	天津南翠屏公园	 
	重构大地	保罗克利美术馆	  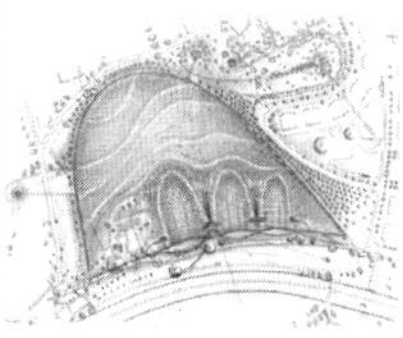
	楔入大地	日本地中艺术博物馆（安藤忠雄）	 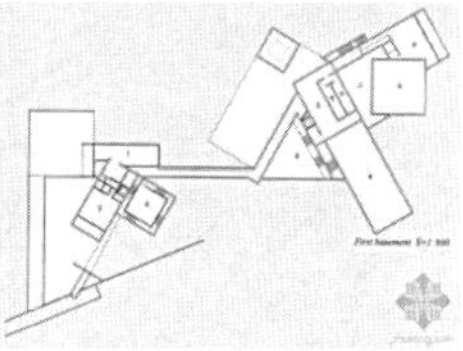 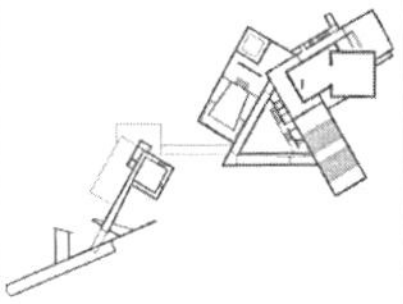

图1-2-3 自然地形要素分析图（续）

（图片来源：郑东军、方广琳 绘）

内容	特征	案例名称	实例图示
石	地方材料	多米尼斯酿酒厂（赫尔佐格和德梅隆）	   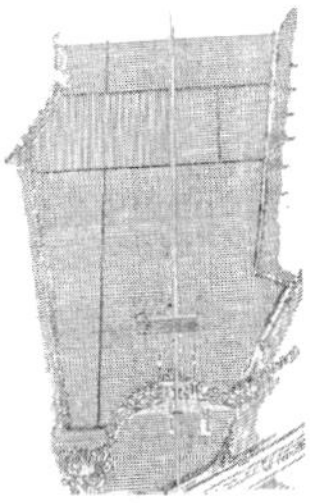
	以石为景	中国传统园林叠石技法	 

图1-2-4 自然材料要素分析图

（图片来源：郑东军、方广琳 绘）

内容	特征	案例名称	实例图示
土	夯土建筑	霍尔木兹岛社区  	
	生土窑洞	地坑院、窑洞  	
	土坯建筑	宁夏西坡中卫民宿  	
木	古代建筑	紫禁城  	
	现代建筑	中川町马头广茂艺术馆（隈研吾）  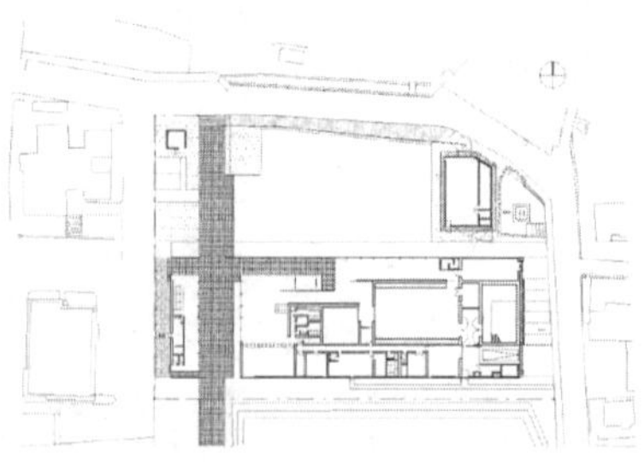	

图1-2-4　自然材料要素分析图（续）

（图片来源：郑东军、方广琳 绘）

内容	特征	案例名称	实例图示
竹	竹材	长城脚下的竹屋（隈研吾）	
	竹景	中国传统造园手法	
气		法兰克福茶室（隈研吾）	
冰		爱斯基摩冰屋	

图1-2-4 自然材料要素分析图（续）
（图片来源：郑东军、方广琳 绘）

目前，建筑功能和自然功能的关系主要表现在以下两个方面：

（1）建筑功能对自然功能的借鉴和模仿。一般而言，建筑功能包括使用要求的安全、适用、耐久、美观等物质和精神两方面需求，这使得建筑与其所处自然系统的功能有一致性，需要对建筑与自然进行调控，如采光、通风和保温隔热、遮风避雨等。建筑系统自身有着一定的更新换代的功能，与自然界中的新陈代谢功能十分相似，两者都在遵守自然规律的前提下，由物质、能量、信息的交互中有机发展的。

（2）自然功能对建筑功能的补偿和完善。当建筑自身的功能无法达到人类需求时，就需要引入自然元素来完善建筑内部与外部的功能。如通过微环境的营造，传统建筑中的庭院空间、绿植、现代建筑中的中庭、架空、复合表皮等技术手段，从而增加建筑环境与整体的空间品质。

在环境问题越发突出的当下，世界的发展，包括建筑设计都是以保护自然环境为前提的。因此，自然与建筑创作的关系首先应提倡的是保护自然环境，关注和落实节能减排，创造和谐统一的人类生存环境。

1.3　自然要素的特点

1.3.1　自然光

自然光在建筑中的特殊含义因其自身的特点体现在时间性和地域性两个方面。

1．时间性

太阳的规律运动使得地球的不同季节、一天中的不同时刻、不同地域、不同方位的自然光呈现出不同的特性，同时，也作用于人的主观感受。

1）每天的时间变化

每天时间的流逝都被不同状态的自然光所呈现和表达，暖黄色、亮白色、金黄色代表着不同时辰和方位。自然光也能通过光影生动地表现出日出、清晨、正午、午后、黄昏、夜晚等，这些不同的光影变化与地球的自转和太阳形成不同角度有直接关系。如果建筑师在设计中能将空间与不同环境、不同时间下的自然光结合起来综合考虑，则自然光所带来的诗情画意和空间氛围都可以被使用者捕捉和感受到（图1-3-1）。

安藤忠雄对时间特性有其独特见解，他认为"光给予实际物体存在，并显现物体之间的相互关系。光独立在建筑空间中，慢慢地消失于物体表面

图1-3-1　光之教堂一天之内的光线变化模型
（图片来源：王若玎 制）

<table>
<tr><td>（a）住宅走廊</td><td>（b）住宅客厅</td></tr>
</table>

图1-3-2　小筱邸住宅
（图片来源：网络）

进而阴影随之产生；光的明暗度转变会随着时间和季节的转换变化，在物体上有所呈现。光本身无法成为物体，且无法成形，除非在有物体的情形下。光可以显现出物体的特征，光与物体的关系是会随时地改变，每样关系皆会影响变化，明与暗将会显示其轮廓……"[1]。这样的认知在小筱邸住宅（图1-3-2）中体现得尤为明显：安藤忠雄在户外长廊外开了几条长度不同的采光口，光线透过开口进入室内，随着时间的变化，反射在天花板上的光影的形状和角度不断发生变化，创造出流动的光影效果。

2）四季的变化

地球的公转，寒来暑往，四季不同的气候变化，对于不同的地域，太阳的照射方式都有其自身的特点。

犹如中国的二十四节气，人们大多数的日常活动都受着自然光的影响——从农作物的耕作到我们的饮食和服饰衣着。

总之，太阳的东升西落引发了人类对时间的标记。尽管人类有很多方法记录时间，如日晷、时钟、日历等，但时间通常都是无从捉摸而又虚无缥缈。自然光向我们讲述着时间的故事，与时钟和日历所讲述的不完全相同，它是一种关于场所、自然，甚至神秘的时间经历。

2．地域性

人类的一切事物源于大自然，并受到自然因素的制约。建筑产生于自然

---

① Francesco Tado Ando [M]. American: DAL CO. 1995.

环境之中，建筑设计对光的利用就是要使建筑与整体环境相结合，符合自然要素与生态的关系。

建筑的地域性首先表现为地区环境的特殊性，不同地区的光的强度、色彩、照射角度及辐射的热量都千差万别，由此引发的不同地区人们在处理、对待自然光的方式上也不尽相同。建筑师将这些不同地区自然光的特性体现在建筑作品上，不仅形成一种舒适的物理环境，同时给予人们独特的地域环境体验和氛围感受。

建筑的地域性首先表现在对该地区自然环境的适应上，如地形地质、水文、气候、植物等。建筑史上很多经典的案例都是注重自然环境的成果，由此，自然光作为一种建筑要素，人们可以利用自然地理条件来表现光，同时也可以通过这些建筑来感受到当地的人文地理特征、生活习惯等。

有光就有热。在热带、亚热带地区，建筑遮阳、隔热、通风成为设计考虑的首要功能，对光要素的处理，主要表现为通过廊、骑楼、架空等手法实现。

路易斯·康的晚期作品——达卡国家医院，为了避免阳光直接暴晒，在建筑内部设置了两个缓冲性质的空间，而这两个缓冲空间也分别承担对光的不同互动作用，形成了舒适的纳凉空间。在寒带地区，由于阳光稀少，日照不足，人们对阳光的需求十分强烈，因此，建筑师也创造出了独特的适应当地采光需求和极具地域特色的建筑形式。柯布西耶在日本的上野县西洋国立美术馆就是这样的处理手法，建筑出于保温纳阳的目的，采用封闭、厚重、开口较小的建筑形式，塑造出厚实稳重的建筑形象（图1-3-3）。

芬兰建筑师阿尔瓦·阿尔托设计的塞纳约基市图书馆地处北欧（图1-3-4），冬季白昼时间非常短暂，而夏季的日照较长。考虑到地域的日照条件，阿

（a）孟加拉达卡国家医院　　　　　　　（b）上野国立西洋美术馆

图1-3-3　建筑与光要素的结合与建筑的地域性特点
（图片来源：网络）

（a）图书馆采光

（b）图书馆南侧墙面

（c）图书馆内部

（d）图书馆鸟瞰

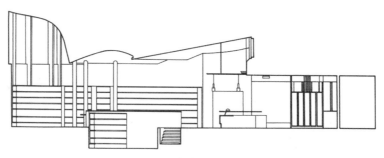

（e）剖面图

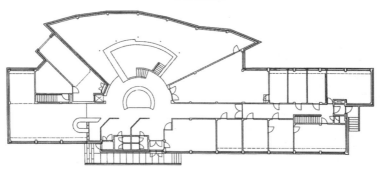

（f）平面图

图1-3-4 塞纳约基市图书馆
（图片来源：网络）

尔瓦·阿尔托在主要的阅览空间的南侧墙面上设置高窗，在采光口的相邻部位设置具有反射性能的界面材质，来捕捉光线并形成均质柔和的漫射光线。高窗上设置了水平浅色的百叶窗，百叶的安装呈45度，夏季的阳光被百叶一次反射后再经由顶棚反射表面的二次反射进入室内，这一设计充分顺应了北欧地区的气候条件，是对北欧特殊地域条件下光线的合理、完美体现。

3．光与影的辩证关系

斯蒂文·霍尔曾在《锚定》中对光在空间中有过这样的阐述："没有光，空间将被遗忘一切。光既是阴影，它的多源头可能性，它的透明、半透明、不透明，它的反射与折射，会交织地定义与重新定义空间。"光使空间产生一种不确定性。

建筑中因为有了光影的存在，其视觉上的功效才能得到最大发挥，进而在空间中分辨人和物体的存在。光的状态、变化，以及表现力是需要以空间作为依托的，只有通过光才能创造出光的环境艺术。众所周知，光具有反射、折射以及透射的特性，根据这种特性我们在建筑空间中按照光的强弱，将各种光环境效果大致分成明亮的光空间、柔美的光空间以及幽暗的光空间。从光影的属性表现来分析，在建筑空间中，设计师常常利用光影来进行空间创作与构图，产生错觉，形成全新的空间效果，或者使它有了空间上的立体感与虚幻感。

光与影，作为一对矛盾统一体，它们相辅相成。光与影的关系是真正意义上的动态构图，不仅在于光与影可以形成不规则的具有动感的图形，更是因为阴影本身会随时间及洞口的变化而改变其形状、位置和深浅——光照射在物体表面，勾勒出它们的轮廓，同时，也展现了光线赋予了物体生命的力量。物体背后形成的阴影，则给予它们以深度和无线遐想。

4．光与建筑形态

柯布西耶在《走向新建筑》中写道："所谓的建筑就是集中在阳光下的三维形式的蕴涵，是一出精美的、壮丽的舞台剧。我们可以在阳光下看见物体，明暗对比浮现出它们的形状。立方体、圆锥、球体、圆柱，以及棱锥等都是原始形状，光使其形状突显出来。其形象是明确的、可触摸的、没有模糊之处。因此那都是'完美的、最完美的形状'……这也是造型艺术的本质条件……。"这段话是光与建筑形体之间关系的完美写照，也是我们认识事物、表达形体之间关系的基础。

朗香教堂的设计堪称建筑与光的经典（图1-3-5），其南侧的墙面厚度变

（a）南侧墙壁

（图片来源：网络）

大小不一的洞口，光线进入室内后方向和强度都产生了变化，使得光线迅速蔓延，形成模糊的光影界限，营造出静谧、虚幻、神秘的宗教氛围。

玻璃的颜色也为光线的变化呈现出另一种方式，形成不一样的光的空间。

（b）教堂大厅

（图片来源：网络）

从教堂南侧主入口的大转门进入后，会发现教堂的屋顶和外墙之间留有几厘米的间隙，光线透入使得屋顶像是漂浮着。在建筑设计中所谓的细节是魔鬼，在这里是最为契合。

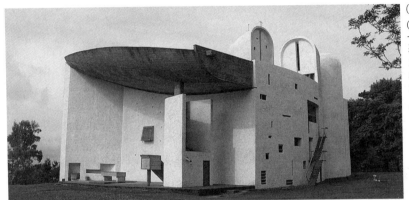

（c）建筑外观

（来源：作者自摄）

建筑外观以曲线形式为主，探索了混凝土技术在建筑中的运用，柯布西耶在此从简单走向复杂，人们看到一个立面想象不出其他三个立面的样子。

图1-3-5　朗香教堂与光

化很大，上面开有大大小小不同的窗洞，装有明亮的白色或彩色玻璃，玻璃上面有图案。看上去似乎是任意划分的窗洞，实质上是依据"模度"设计而成。

教堂内的地面沿着山丘顶原本的地势，向着圣坛方向倾斜，由水泥浇筑而成，划分也以模数为依据。室内是黑暗的，光取自墙面上的大小不等的窗口，通过这样的开口让光线进入室内，光线的强度发生了变化，这种手法无形中模糊了室内空间的轮廓，只看到光与影之间的对比交替。这样的光影关系既模糊了外部造型和内部空间的界限，也改变了人类对建筑型体的固有概念。正如在教堂的落成仪式上，柯布西耶说："建造这个教堂，我想创造一个寂静、祈祷、和平和内心欢愉的场所。"对于柯布西耶而言，光无疑联系着一件建筑作品中蕴含的各种语言表达："如你们所想，我自由地运用光。对我来说，光是建筑的根本，我用光来创作。"

5．光与空间限定

只有被限定的物理环境我们才能称之为空间，也只有在有限定的情况下空间才有意义。对于空间感最强的空间形成方式就是围合，而自然光作为一种新型的空间限定材料也开始被应用在当代前卫设计之中（图1-3-6）。

达·芬奇早在文艺复兴时期就提出过光与影子的关系："什么是光与影——阴影就是缺少光，只有在致密的物体挡住光线的去路时，才能产生阴影。阴影是黑暗，亮光则是光明，一欲隐藏一切，一欲显示一切，它们总是与物体相随，总是相辅而行。阴影比光明更强，因为它阻碍光明，并且能完成剥夺物体的光明，而光明则不能把物体上的阴影彻底驱除。"

对于阴影，达·芬奇还认为："阴影既是附属品，也是投影的。"影是物体在光的照射下产生的明暗层次，是构成物体视觉立体感的重要因素。影是光与物体共同的产物，影也将大自然中的所有物体以负的方式再现出来。成语"立竿见影""影影绰绰"等是古代形容物体和光影形象的词语，展现了在光的变化下投射阴影的状态，随光生、随形变，物体的形状及光的形式决定了阴影的造型。投射到介质表面的阴影，根据它们所在建筑空间的明亮程度、表现方式及空间大小，同时也由于阴影的存在对空间的界限、限定进一步加强。

建筑中光影的美学表达，其理论依据是光影构图。光与影是真正的动态

（a）安藤忠雄21-21美术馆　　　　　　　　（b）苏州博物院走廊

图1-3-6　光与空间限定

（图片来源：作者自摄）

组合，它构成建筑图形的一部分，可以形成不规则的动态图形，而且对图形本身来讲还可以随着时间的变化来改变其形状、位置和深度。

建筑构件被自然光照射，它的影子被投射到背景上，形成特殊的图形、纹理。该形状的阴影是不固定的，因为它会随着背景表面改变而改变。因此，同一物体在不同背景下的阴影会有所不同，这使得建筑在光线作用下的光影构图有着丰富的变化。

每个令人印象深刻的建筑，都有"光"的参与，光与影之间若即若离的关系赋予了建筑物时间与生命的概念。光影营造了建筑的结构美、肌理美、氛围美和情感美。

光影在空间中呈现的丰富多彩也让空间变得更富有趣味性（图1-3-7）。

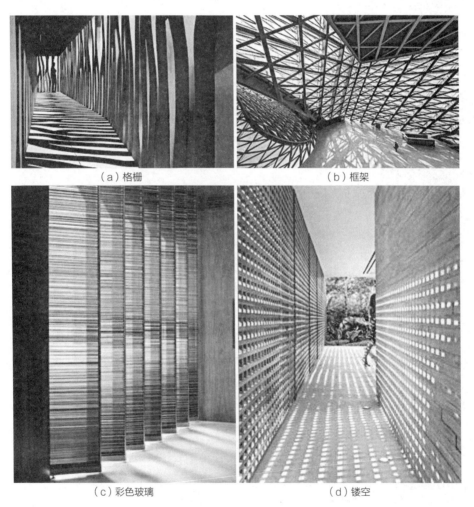

（a）格栅　　　　　　　　　　　　　（b）框架

（c）彩色玻璃　　　　　　　　　　　（d）镂空

图1-3-7　光与空间限定——不同的采光口设计

（图片来源：网络）

光影的色彩、承影面的肌理，形成不同特征的光影效果，从而对空间的限定和塑造也起到了截然不同的效果。

影也是限定空间的界限，形成另一种秩序感，这种秩序感会为空间带来新的体验。

所以，光影就成为一种建筑材料，而非仅仅是装饰的作用。它在建筑空间中有烘托气氛的作用，体现建筑空间层次和意境内涵。光影的强弱影响了视觉对物体的感知力。光的照射方向变化，又可以造成光和影分布的不同，人们对物体的感知效果也会随之变化，这样就可以塑造出丰富多彩的建筑形象。

1.3.2 水

黄河之水天上来。水是生命的源泉，从古至今，人类对水除了生理上的依赖之外，在精神上也将水作为文化的因素。水作为一种精神物质的独特魅力，其内涵亦非常丰富，是纯洁、高尚的精神象征，也体现着自然的恩赐。因此，建筑师应始终把水作为一个重要的设计要素加以利用，结合水对人心理上的影响，拉近建筑与人之间的距离。

1. 水在建筑空间中的塑造

"水"的概念是一种泛指，海水、江河之水、湖泊、井水、雨水、雪水、人工水等与建筑的联系是多方面的，在讨论建筑创作时，水作为自然要素之一，更需要从设计手法的角度，来理解和设计与生活息息相关的水要素。

作为一种宝贵的物质资源，水在建筑中必不可少。由于现代社会工业污染日趋严重，水资源受到严重的污染，因此，在建筑创作中要十分注重节约用水，减少浪费和污染，合理利用水循环。

作为一种具有可塑性的物质，水能激发建筑师的创造性。对建筑师来说，水和建筑组合在一起则能提供更大的创作空间。水本身是没有色彩的物质，但水又能包容色彩，水像一面镜子，反射出人的精神世界。

作为一种塑造元素，水在东西方建筑空间表现塑造上都得到了广泛的应用，特别是在中国古典园林中，积累了丰富的经验。在现代建筑设计中，越来越重视生态化和人性化，而水则是生态化和人性化设计的重要元素之一。在建筑室内外引入水，不但可以丰富建筑造型，也能为塑造和优化建筑环境起到很大的作用（图1-3-8）。

水蕴含了世界各地的传统文化，在建筑中充分利用具有地域特色的水文化，塑造具有精神内涵的文化空间。在中国古代就有"智者乐山，仁者乐水"的名句，水成为古代文人墨客歌咏的主题之一，因此，水的利用也是对文化性的精确表达（图1-3-9）。

水同样会影响建筑空间形态和品质，因此，将水作为一种建筑创作要素来分析，便于在创作过程中更合理地利用和展开设计。

（a）法门寺新建中轴线与水景

（b）香港中国银行入口人造瀑布水景

（c）商丘博物馆入口水池，成为游客的亲水之处

（d）海南三亚滨海住宅群，因海成景

（e）庭院别墅与水景形成江南特色

图1-3-8　水对空间的塑造

（图片来源：作者自摄及网络）

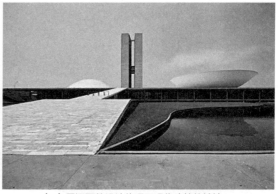

（f）滨水的八字楼住宅景观　　　　　　　　（g）尼迈耶的设计体现了现代建筑的精神，
　　　　　　　　　　　　　　　　　　　　　几何语言与水面对功能进行划分

（h）水面与玻璃、面与线、直与曲、雕塑与人，形成静谧与光明通过对比形成景观效果

（i）水面与建筑的结合，不仅形成小气候，　　（j）柱廊的韵律加水面的倒影，雕塑成为视觉焦点，画龙点睛
　　外伸的弧臂形成小瀑布，使建筑带有音乐

图1-3-8　水对空间的塑造（续）
（图片来源：作者自摄及网络）

（a）法国尼姆水道桥，三层拱券，约建于公元前1世纪

（b）重庆龙潭古镇水井与水系相连，不仅是生活设施，还是居民交流场所

（c）龙潭古镇水井饮用水、洗菜水、洗衣水分池使用和管理

（d）印度的拉贾斯坦邦艾芭奈丽村的月亮井，是世界上最大、最深的阶梯井之一

（e）月亮水井大概有3500个台阶

（f）印度泰姬玛哈尔陵与水景观

（g）新疆坎儿井被誉为中国古代三大水利工程之一，是抵御干旱、发展农业的传统智慧体现

图1-3-9　水的地域文化
（图片来源：作者自摄及网络）

2．水在建筑空间中的表现形式

在建筑的内部空间，水的利用除了体现在引导视线、美化环境之外，还能起到调节室内空间氛围的作用，大多采用小型水体的形式来实现。

建筑的外部空间是由建筑的形体限定出的，一方面具有确定性，因为有具体的边界，就是建筑实体；另一方面，外部空间又与自然环境融为一体，具有无边界的特点。在外部空间的设计中，要注意它的双重特征：人工与自然。水作为一种自然要素，衔接好建筑的外部空间，视线内部与外部空间的渗透和互动（图1-3-10）。

外部空间具有两种典型的形式：开敞式和封闭式。外部空间形态的多样性是由建筑形体不同的组织方式形成的。不同风格、不同功能的建筑组织方式也有所差别。无论组成方式如何，无论所处环境如何，衡量建筑形体组合最终的标准，就是看能否形成统一的内、外部空间。水作为自然要素之一，在统一建筑空间方面具有多方面的作用。

现代建筑空间水要素设计针对建筑和水的不同特征，可体现为以下几种形式：

1）水作为建筑的中心

水作为建筑的背景主要有两种状态：水平和竖向。自然界中水形成最常见的状态就是水平面，如海洋、河流等。在现代城市和建筑中为满足人们对自然水环境的向往或形成某种特定的建筑形态，常利用自然资源引入或人工排放形成模拟自然的水面作为建筑背景。

水上建筑的形象对人们的视觉和心理都能产生微妙的影响，仿佛建筑被水承托，从而获得一种宁静感（图1-3-11）。这时水面与建筑之间应具有一

（a）苏州桃花坞

（b）苏州金鸡湖夜景

图1-3-10　建筑与水要素
（图片来源：作者自摄）

水要素在传统建筑和现代建筑中得到广泛的应用。
水要素在建筑外部空间的限定中起到重要作用：水的形态由建筑实体确定，同时又与自然融合在一起，既能很好地组织空间，又能对室内外空间进行过渡。

（a）迪拜帆船酒店 　　　　　　　　　　（b）迪拜棕榈岛鸟瞰

图1-3-11　水要素作为建筑的中心
（图片来源：网络）

（a）中心水景 　　　　　　　　　　　（b）中庭水景

图1-3-12　水作为建筑空间核心
（图片来源：网络）

定的大小比例关系。与此同时，只有当建筑伸入水中形成三面环水的状态时，才能表现出强烈的衬托感。如中国古典园林中的亭台楼榭，由于水的衬托和光线作用，形成丰富的光影效果，同时也形成了水面之上强有力的视觉中心。

水作为建筑竖向背景多以喷泉、瀑布等形式呈现，并已有很长的历史。如意大利文艺复兴时期，贵族最主要的社交场所之一的水上剧院，常将喷水、水池等水体造型作为舞台背景。在现代建筑中也常采用这种手法，营造纯净、特别的空间环境（图1-3-12）。

2）水作为建筑空间的轴线

带状的水体可以形成轴线、引导、穿插空间。

由于水特征的多样性，宜动宜静，可塑性强的特征，作为轴线不仅可以自由引导人流，控制视线，也便于在轴线的节点或转折处形成构图中心，使空间序列更加丰富（图1-3-13）。

在人们的直观感受中，水是一种流动的物质，由于水具有一定方向的延

（a）台南河乐广场

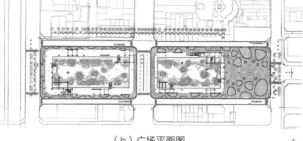
（b）广场平面图

图1-3-13 水作为建筑空间的轴线
（图片来源：网络）

广场提供了一个将老旧商场空间再利用的解决方案。

中心的水域在所有季节都将是一个完美的聚会场所：水池的水位会根据雨季和旱季而上升或下降。炎热的天气里，喷雾降温系统可以降低户外温度，为游客带来舒适的环境，减少空调的使用。

环境中保留了原有建筑的结构框架，减少浪费，通过艺术化的处理，形成了可供人停留、娱乐的设施。

续性和延展性，因此水在建筑空间当中常常成为某些组成部分的连接要素，当一片水面甚至一线水流跨越两个或两个以上的空间时，水即起着串联空间的作用。

而当难以逾越的水面切割了空间，水则成为空间的分割要素。

古时的护城河就是利用足够宽阔的水面作为隔离带，来防御外敌入侵。在现代建筑空间表达中，水作为分隔空间，其表现手法则更加丰富。

最常见的就是使水面面积大到人无法跨越时，就可以起到分割空间的作用。这是一种软性分割，因为水既能清晰地划定空间的界限，又能够保证空间的流动性，形成分而不离的空间效果。

3）水作为建筑的核心

这个核心可以是某个空间的焦点或建筑群的中心（图1-3-14）。

由于水的特质，成为建筑空间中形成活跃氛围的设计要素。流动的、活泼的，甚至发出潺潺水声的水，都可以使一个静止的空间变得富有生气，从而引起人们的兴趣，吸引人们聚集在其周围。例如一些公建的中庭都采用大型瀑布或静水等水景来统率整个空间，从声、形、尺度、围合等多方面形成视觉和行为的焦点。

4）水作为建筑造型元素

当水体作为建筑造型元素出现时，有着多种表达方式。如与建筑和结构结合，形成水幕；或者使水沿着建筑墙面流下形成光影和质感的变化，赋予建筑朦胧、虚幻的形象（图1-3-15）。其中特别是玻璃与水的组合，在夜间灯光的作用下，建筑形象非常具有美感，此外，在建筑底部或外部空间设置不同形态的水体用来突出建筑入口或中心的位置形象，在整体上也丰富了建筑的造型。

（a）南昌万科华侨城纯水岸艺术展廊

（b）剖面图

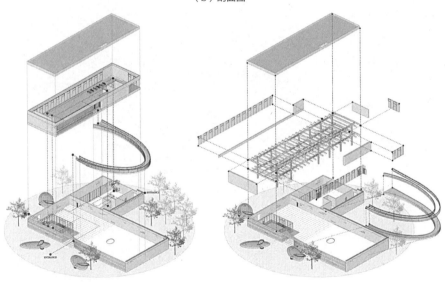

（c）水景与建筑结构分析图

图1-3-14 水作为建筑的核心

（图片来源：中国设计联盟网）

（a）水幕

（图片来源：网络）

（b）水幕造型

（图片来源：网络）

（c）高层建筑底部的水池、雕塑与入口景观

（图片来源：作者自摄）

图1-3-15　水作为建筑造型元素

1.3.3　植物

　　自然要素中的木，主要指绿色植被和植物材料。植物作为一个重要的自然要素，应遵循符合科学、生态的原则，使植物要素对所有生物、对人类的精神生活、物质生活等方面产生积极作用，这是设计的出发点。

　　在建筑环境的植物设计中，从空间构成的底面、垂直面和顶面三个方面看，植物材料的多样性，为植物空间的组合提供了多样的可能。例如水杉可以形成垂直高耸的树下空间；地被、灌木形成精致的小尺度空间，同时也可以对视线进行引导；高大的乔木与低矮的灌木相结合可以形成具有层次感的围合空间，加强边界感等。

体量感是一个物体在空间中的大小和体积。植物的体量由树种决定，乔木的体量感大于灌木与地被。体量感在空间中往往形成重要的感知印象，与周围环境形成协调与对比，因此植物的体量在感知中较为重要。

植物环境作为城市中具有生命的基础设施建设，反映了建设者对城市、建筑所面临自然、生态、环境和社会等诸多问题的关注。植物是环境中有生命的构成要素，其姿态、色彩不断变化，这是植物不同于其他自然要素的独特性。

植物景观是建筑环境不可或缺的构成要素，对于形成适宜景观、游憩环境供人品评、观赏，对于营造和谐、舒适、节能的建筑环境，对于保护城市历史文化和展现城市风貌，维持城市的基础生态过程和柔化自然景观与人工景观的关系，改善城市环境，都有着极其重要的意义（图1-3-16）。

植物不等同于"植被"，因为景观具有客观性，风景具有主观性，风土具有抽象性。同时，植物元素是建筑创作手法中的重要表现手法，当人们认识自然、改造自然的行动开始时，植物空间的自然因素和人文因素相互作用，成为场所中具有生命力的空间环境。

人文思想在植物营造空间的过程中，体现在"立意"上，源于自然、高于自然的"天、地、人"和谐理念。以人为本是建筑创作的本源，人文思想在植物空间营造中体现在安全性、实用性、宜人性、私密性和公共性上。

现代植物景观设计不应该是大量植物品种的堆积，也不应再局限于展示植物个体美。而是要追求植物形成的空间尺度、反映出具有地域景观特征的植物群落和整体景观效果。现代植物景观设计应遵循的原则是：自然性原

（a）ACROS福冈
（图片来源：作者自摄）

（b）热量分析
（图片来源：作者自制）

图1-3-16　建筑与植物

则、地域性原则、多样性原则、时间性原则和经济性原则。朱建宁教授指出："现代植物景观设计的发展趋势，就在于充分认识地域性自然景观中植物景观的形成过程和演变规律，并顺应这一规律进行植物配置。"

此外，植物的色彩特征也具有综合性，而非独立存在的。这些色彩观感又会在人的心理上产生某种情感。合理的植物配色能够引起人们情感上的共鸣。

将植物作为建筑创作手段之一，可以利用植物色彩强调环境的对比与调和、背景色与前景色，从而达到与建筑立面材质的呼应，营造整体和谐统一的建筑环境氛围（图1-3-17）。

每个地区的自然环境气候，都会对人的色彩感知、偏好产生影响，不同国家所处的地理环境，不同城市将会形成不同的自然及风土人情，从而形成

（a）广西桂林乐贝书屋

树屋是一种视野开阔又实用的传统住宅形式，建筑被抬高之后，整个建筑既轻盈又富有野趣。
架高之后建筑的高度与树冠一致，从窗外望出就是茂盛的树丛，建筑实体和植物之间相辅相成，形成返璞归真的原始感。

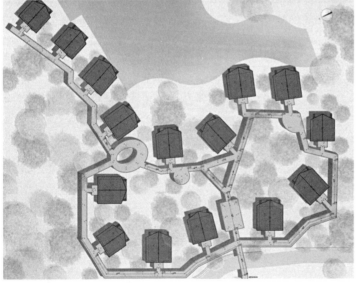

（b）总平面图

架空的栈道用来连接不同位置的树屋，同时也可以让人们在树梢间休憩、观赏。这样的处理手法，一方面使植物在建筑组团中更具渗透性；另一方面，将地面最大限度地让出，减少了对周边环境植物的破坏，从而得到一个全景的自由花园。
建筑被植物包裹，在植物的维护下更能得到舒适的环境体验。

图1-3-17 植物烘托建筑外部环境
（图片来源：网络）

不同的色彩风貌，法国色彩学家让·菲利普、朗克洛创立的色彩地理学，就是以保护城市历史色彩特征和地方特性为目的。一个区域或城市的色彩环境由城市的自然特征构成，还与人文特征共同作用，相互形成，植物景观色彩语言在地方环境中具有很强的代表性。

人与建筑之间存在一定的感知关系，是从感官接受到刺激与相互交往。现代建筑发展到今天，建筑环境的文脉，以及环境条件对人们心理产生的影响和反作用，日益受到重视，与人类生活品质相关。

从中国古典园林的庭院组织中，可以看出植物在建筑环境营造中的重要作用，同时蕴含着中国人的居住习惯和哲学思想。在这方面，植物既保持了对建筑内部和外部空间的联系，又能使人的活动有一定程度的独立性，更大程度地享受生活。

建筑作为空间媒介可以拓扑化、几何化地组织起来。诺伯格·舒尔茨认为："空间组织的基本和构成元素是领域、路径和目标，这些元素建立了'室内—室外'的多样化关系；因此，分开与联系分区的'界限'最具重要性，其根本上属于边界，边界是墙的特征的呈现，正是在这里，建筑作为'内部与外部力量的相遇'而发生。"

在建筑创作的过程中，要考虑对植物特征的把握，重视自然条件所带来的植物生长差异、植物本身的形态属性特征，关注在历史发展过程中，人在与植物景观视觉互动、空间交流的过程中，植物作为文化符号所承载的人文内涵，在营造时更应该考虑其本身的生长性，了解其生物学本体性以及其对环境的要求。在此基础上与其他类型景观的合理比例去组合表现，进而满足生态科学，用设计优先的策略去营造丰富、适用、美观的空间环境（图1-3-18）。

植物造景，涉及植物、生态、文学、书画、园艺、建筑等学科。经过长期的相互影响与渗透，边缘性、交叉性、综合性越发明显，在历代文人雅

图1-3-18 森林中的度假小屋
（图片来源：网络）

度假小屋被隐于密林山谷之中，分散的体量是建筑对环境的适应手法。用植物组合成的庭院成为不同体量之间的视觉和物理连接，提供通道和连接空间，同时在需要时提供隔离和屏退。

士、帝王将相、社会名流流传下来的历史资料中，特别是诗词、绘画作品，关于植物的描写、歌赋、词曲举不胜举，足以说明植物景观构图与诗、画的关联度之高，对建筑环境意境的影响相当深远。

通过植物参与建筑创作、意境的表现主要体现历史文化的延续性，赋予空间的特殊性、丰富性，崇尚历史与文化空间的融合上，成为有区域性的心理寄托于情感的归宿。譬如，在设计时，借助对历史事件的再现、耳熟能详的典故的应用、某些特定场地的模仿，让居民休憩活动时感受、欣赏和体验地域性文化，无一不使人产生认知感和归属感。

自从人类对植物进行改造的行为伊始，植物营造的空间景观便有了人文属性，成为文化的载体。很多国内著名的建筑景点都是以植物命名，从而呈现出深远的意境。苏州拙政园内，分别以竹子、梅花、海棠命名的景点"悟竹幽居亭""雪香云蔚亭""海棠春坞"，以及以枇杷和玉兰为主题的景点枇杷院、玉兰堂。寒碧山房是苏州留园的著名景点，"寒碧"二字取意"冬日依旧翠绿"，是因为院内遍植的白皮松在寒冷的冬日里，依然保持着碧绿的叶色。除此之外，园林景观中"香雪海"以梅花营造，"梨花伴月"以梨花形成，"柳浪闻莺"以垂柳构建等，充分展示了中国古典建筑中对植物的充分利用（图1-3-19）。

在现代建筑创作中，更重要的是秉持一种自然的态度。基于建筑与地域、环境、气候、文化之间的关系，不仅利用植物的生物特点，使建筑根植于某种特定的气候和文化土壤，而且用实验性、创造性的设计手段，使得建筑形成更具有开放性的体系，可以容纳更多新的可能性。

（a）拙政园梧竹幽居亭
（图片来源：网络）

（b）拙政园海棠春坞
（图片来源：作者自摄）

"梧竹幽居"最宜夏秋，一是梧、竹被称为消夏良物，梧、竹相互配植，以取其鲜碧和幽静境界；二是亭外的古枫杨，绿荫如盖；三是亭侧的夏天荷池，生机盎然。

沿枇杷园玲珑馆东墙，四五花窗，分植海棠和天竹。庭院铺地用青、红、白三色鹅卵石镶嵌而成海棠花纹。院内茶几装饰图案均为海棠纹样。处处有景点题，庭院虽小，清静幽雅，是读书休憩的理想之所。

图1-3-19 拙政园

例如在中山市的半松园工作室中（图1-3-20），基地狭长，夹于两湖之间周边植物是具有地域特点的尖叶杜英。根据这样的自然环境资源，方案的处理手法选择南向大单坡屋顶，开间尽量采用大尺度面宽。为保证南面有足够的出檐，于是选择让南面的尖叶杜英穿过屋顶，进而檐下额外得到类似柱廊的空间效果。同时"屋顶长树"一定程度上削弱了整个大屋顶的体量，降低了屋顶对湖面的景观压力，强化临湖的景观效果。

在建筑环境中通过绿化和美化是提升环境品质的重要手段，但保护好基地现存的有价值的植被，特别是大树、古树尤为重要。

上海华鑫办公集群建设基地面向城市干道，具有空间的开放属性，结合其中的六棵大香樟，成为设计的出发点。依此，展示中心的设计有两个切入

（a）鸟瞰

（b）临湖立面1

（c）临湖立面2

图1-3-20　中山半松园工作室
（图片来源：网络）

点：一是建筑主体抬高至二层，最大化开放地面的绿化空间；二是保留六株大树的同时，在建筑与树之间建立亲密的互动关系。最终完成的建筑由四座独立的悬浮体串联而成（图1-3-21）。四个单体围合成通高的室内中庭，透过四周悬挂的全透明玻璃以及顶部的天窗，引入外部的风景和自然光，使空间内外交融。沿着中庭内的折梯抵达二层，会进入一种崭新的空间秩序。四个悬浮体的悬挑结构由钢桁架实现，它们在水平方向上以"Y"或"L"形的姿态在大树之间自由伸展。由波纹扭拉铝条构成的半透"粉墙"，以若隐若现的方式呈现了桁架的结构，并成为一系列室内外空间的容器和间隔。大树的枝叶在建筑内外自由穿越，成为触手可及的亲密伙伴。

在这里，建筑的结构、材质与大树的枝干、树叶等自然要素交织，一起营造出一个个纯净的室内外空间。这是一件由建筑和自然合作完成的作品。设计者认为如果人以积极的方式善待自然，也会得到自然善意的回馈。21世纪的建筑不仅要回应人的需求，更要积极担当人与环境之间的媒介。未来建筑的根本目的，是在人、自然及社会之间建立平衡而又充满生机的关联。

结合绿化和生态种植是住宅区和住宅设计的未来发展方向，也是旧建筑改造和再利用中恢复建筑活力的方法之一，值得关注。

同济原作设计工作室设计的上海杨浦滨江原烟草公司机修仓库更新改造项目（图1-3-22）。这是一座建成时间在30年左右，既缺乏工艺价值，也不具备明显建筑特点的六层钢筋混凝土框架板楼。在盘活工业建筑和减量发展的大背景下，经过城市主管部门决定，保留该建筑进行改造，使之成为一个集市政基础设施、公共绿地和公共配套服务于一体的城市滨江综合体。为了不影响规划滨江道路的走线，将烟草仓库中间三跨的上下两层打通，取消所有分隔墙，以满足市政道路的净高和净宽建设要求，并借此机会在建筑底层设立公共交通站点，将建筑编织进区域交通网络。

烟草仓库不仅以巨大的封闭体量令人印象深刻，而其距离水岸边仅10多米的距离也在视觉上产生极大的压迫感。烟草仓库的存在使原本带状延展的滨水公共空间的通畅性在这一位置受到较大的阻滞。因此，作为对城市景观及空间需求的回应，对建筑外部形体做了较大的改动。首先降低建筑高度（六层整体拆除），将建筑高度控制在24米以内。其后，面向西南方向做形体斜向梯级状削切，形成朝向陆家嘴CBD方向层层跌落的景观平台，消解了建筑形体对滨水空间的压迫感。同样，将建筑形体在面向城市的东北方向也做了一次斜向梯级状削切，形成引导城市公共空间向滨水延伸的态势。

在旧建筑改造中，以"绿之丘"的理念来融合自然要素，但植物配置极力避免了常见的景观绿化模式，以大片狼尾草为主基调，希望呈现出具有规模效应的整体景观。只是在部分路径转折处配置喷雪花（线叶绣线菊），各层

（a）建筑环境　　　　　　（b）建筑组合　　　　　　（c）总平面布局图

1 展厅
2 洽谈
3 影音
4 服务接待
5 休息平台
6 水池
7 设备用户

0 1 3　6　　10m

（d）底层平面图　　　　　　　　　　　　　　（e）建筑立面造型

（f）建筑与水、路径　　　　　　　　　（g）建筑架空与连接

图1-3-21　基地植物的保护
（图片来源：山水秀建筑设计事务所）

（a）"绿之丘"鸟瞰图

（b）建筑与绿植1

（c）建筑与绿植2

（d）中庭空间1

（e）中庭空间2

图1-3-22　上海杨浦滨江原烟草公司机修仓库更新改造项目

（图片来源：章明，张姿，张洁，秦曙."丘陵城市"与其"回应性"体系［J］. 建筑学报，2020，（1）：1-7.）

平台下光照不足的空间配置蕨类和八角金盘等喜阴植物。东西立面设置爬藤索、种植箱体配合攀爬植物形成朦胧的绿色界面，种植选择生命力顽强、5～7月开满细密白色小花的风车茉莉。草坡北侧覆土较为充分之处种植马褂木，形成蜿蜒的小树林，成为进入"绿之丘"的引导。乔木种植则在每层平台采用1.8～2米高、树型相对舒展的鸡爪槭，增加立面种植层次。中庭选取了有明显季象变化的丛生朴树（落叶乔木）。7.5米高度的丛生朴树被全冠吊装到空中中庭。削切山来的梯级状绿化平台拥有最为充足的日照，并通过降板处理保证0.9～1.5米覆土深度和各类植物茁壮成长。西南角增设三个景观平台将"绿之丘"与滨水漫步道平缓衔接起来。混凝土框筒结构的中心空腔可种植乔木。

1.3.4　土

土，作为自然要素，具有自然和文化的双重含义，如中国传统文化中对五行的表述。这里主要指大地的地形、地貌和建筑材料，黄土、土坯、夯土、砖等。

建筑设计首先要了解和解决的就是基地自然条件和环境问题，如高差、地质属性、沟壑、古墓、管线、植被、与周边道路、河流的关系等。如清华大学建筑设计研究院有限公司设计的延安宝塔山游客中心（图1-3-23）就是典型案例。宝塔建于唐代，是重要的历史文化遗产。为保证人民的生命财产安全、保护景区自然和人文景观，延安市委、市政府计划保护提升景区环境，并修建游客中心，健全旅游服务、咨询、展览、数据中心及停车等功能。结合基地周边的自然要素，主要设计理念有五个方面：

一是缝合山水，修复生态：保留并修复场地内有价值的建筑遗存，让原有场地的记忆贯穿于整个设计中。针对滑塌的边坡、山体栈道、两侧岩石和窑洞滑塌等安全隐患进行加固处理，同时做好排洪及水土保持，以应对未来可能发生的灾害。在此基础上进行系统性的生态修复，重建受暴雨侵袭而支离破碎的山体生态，恢复景区环境原貌，极大地改善并提升了景区的环境品质及安全性。

二是地景建筑，融入环境：在宝塔山景区，山和塔是核心，是场所里最重要的标志，任何人工环境的营造都是为了更好地突出山和塔。因此，梳理宝塔山、南川河、城市与人四者的关系，建筑采用地景化的处理，作为山水缝合的媒介，完整地镶嵌于山水之间，而非仅仅是一个孤立的建筑。建筑主体消隐，屋顶空间与景观环境融为一体，作为由南向北面对宝塔山的礼仪性空间。以南北贯穿为主要轴线，自南向北不断递进，依山就势，逐级而上，通过入口广场、开放空间、绿化庭院及景观水系的设置，营造具有纪念性、

（a）整体鸟瞰

（b）游客中心入口透视

（c）中轴线鸟瞰

（d）庭院透视

（e）建筑主体融入地形之中

（f）室内空间

图1-3-23　延安宝塔山游客中心

（图片来源：庄惟敏，唐鸿骏. 延安宝塔山游客中心［J］. 世界建筑，2020（5）：118-119.）

瞻仰性特征的空间格局和场所精神，更好地突显宝塔山作为中国革命精神标识的崇高形象。同时起伏连续的屋顶空间提供了大面积的绿化和广场，作为游客驻足、游览、交流、活动的重要场所，也提供了最具仪式感的参观路线，强化了游客的体验感。

三是就地取材，延续文脉：建筑风格延续地域文化特色，保留并修复场地内的原有窑洞，与新的建筑融为一体。建筑主体西侧面向城市道路，采用层层退台的建筑手法，削弱建筑的体量感，与自然环境更加融合，同时呼应北侧保留的现状排窑，实现新旧建筑交融共生。主要建筑材料选用当地黄砂岩，采用传统工法密缝砌筑。土黄色砂岩石块由当地工匠手工雕凿砌筑而成，在延安当地强烈阳光的照射下，呈现出丰富生动的光影、质感及色彩变化。建筑的建造过程不仅保护并提升了当地的传统建筑工艺，也为当地工匠提供了就业岗位，实现了良好的社会效益。

四是城景交融，公共客厅：建筑内部设置两处不同尺度的庭院，实现建筑与景观的相互渗透及室内外空间的过渡融合。建筑屋面与周边环境融为一体，专门设置了与游客互动的静水景观和绿地广场，宝塔倒映在水中，在一天的不同时刻呈现出不同的氛围和景象。通过不同层次的平台、广场和院落，大大扩展了游客的活动空间，增强了建筑与人的互动。大面积的广场空间也为市民提供了公共活动的场所，成为深受游客及市民喜爱的城市公共空间。

五是完善功能，服务大众：游客中心完善了宝塔山景区的服务及管理功能，不仅为游客提供旅游咨询、展示、休息、书吧、咖啡厅等服务，还是整个景区的智慧管理、宣传展示、应急指挥和运行监控中心。地下停车场提供400个停车位，弥补了景区停车的不足。

复杂的地形地貌往往给设计带来困难，但处理好建筑与这些自然要素的关系，也能激发建筑师的创作，带来灵感和创意。

对建筑学专业的学生而言，或许会对华盛顿的越战纪念碑设计（图1-3-24）印象深刻，影响了不少人的建筑观。这座特别的纪念碑的设计者林璎，当年还是一位耶鲁大学二年级的在校生，在一次偶然的纪念碑设计征选中，用不同于普通的设计，受到了世人的瞩目。

林璎的设计，在众多参与者的投稿中，得到了回应，两片黑色的花岗岩是纪念碑的主体，从林璎的设计草图中，它仿佛就像是切开地面的一道伤痕。纪念碑并没有所谓的英雄雕刻形象，取而代之的是那些在战争中献出生命的男男女女的名字，越战始于1959年，结束于1973年，在两面碑壁的最高点，越战的起止时间围成了时间环，也仿佛算是一处句点，结束了那场悲伤的战役，仿佛让那些心怀哀伤的人，找到了宣泄悲伤的出口。每年大约有300万的访客，到这里与历史对话。

| （a）林樱的设计方案 | （b）基地环境 |

（c）下沉式纪念墙

图1-3-24　美国二战纪念碑

（图片来源：作者自摄）

1.3.5　风

　　自然要素中的风，与气候、温度、地理位置相关，也与建筑通风、降温和节能有关，在世界各地的传统建筑中有许多利用风要素的好的实例和智慧。在当代，虽然使用了空调和采暖等人工设备，但合理利用风仍有许多工作要做。

　　如巴林世贸中心（图1-3-25），坐落在波斯湾西南部，是世界上第一座将风力发电装置与建筑物融为一体并能够自身持续提供可再生能源的摩天大楼，该建筑由两栋高度超过240米的塔楼组成。该大楼设计师肖恩·奇拉以

| （a）巴林世贸中心1 | （b）巴林世贸中心2 |

| （c）风力发电涡轮机1 | （d）风力发电涡轮机2 |

图1-3-25　巴林世贸中心
（图片来源：网络）

帆船作为大楼外形的设计模型，在大楼双塔之间的第16层（61米）、25层（97米）和35层（133米）处分别装置了重达75吨的跨越桥梁，同时，将三个直径达29米的水平轴风力发电涡轮机和与其相连的发电机固定在上面。整个建筑为椭圆三角形，可以导引风力从中间穿过并且尽量把风力往下导引，保持其风速的相同。据悉，这三台发电风车每年可产生120万千瓦时的电力，相当于300个家庭一年的用电量，可供世贸中心所需能量的15%左右，是未来建筑与科技结合的成功探索。

该建筑具有跨时代的意义，代表了生态型美学的兴起。新能源技术参与到建筑中来是本建筑的最大亮点，将理想真正地转换到实际生活中，为将来的建筑提供了新的思路及模型。同时，风力发电建筑的特殊性决定了其建筑外形的独特性，风力发电机组与摩天大楼完美融合，本身具有独特的科技感和美感，给了人们更多想象的空间。

2

建筑设计与自然要素

2.1 传统建筑与自然要素

提起传统建筑，人们往往会想到中国传统建筑的大屋顶、木构架、四合院和园林，以及欧洲的柱式和教堂建筑。虽然这些都是传统建筑的特征，但中国和西方在文化上和建筑上的差异，使其传统建筑在与自然要素关联方面也有所异同。

2.1.1 中国传统建筑中自然要素的表达

对中国传统建筑特征的总结比较多，大多是建筑形态、技术和装饰等方面。而中国台湾学者汉宝德先生从文化特质和哲学层面进行总结，提出了"生命的建筑"概念，由此理解中国传统建筑与自然要素的关联性更为密切。

汉宝德认为，"生命"的基底就是求生存与繁衍的原始欲望，而中国文化对此并没有发展出制约的机制，而是通过"包装"努力"把这些欲望美化和神圣化"。中国传统建筑以其特有的形式与空间反映了这种"包装"，并因此呈现出自身的"生命性"特征。

中国传统建筑以木构架为主，木材为主体材料，汉宝德认为这与木材的"生命"象征性有关。木材被视为可以天然、直接地表达"生命"意象，更适合于服务鲜活的"生命"。因此，尽管在汉代已出现了高水准的砖石技艺，但中国人仍执着于木头这种象征"生命"的，"被我们视为当然、自然、必然的建筑材料"。

一根木柱可被视作一棵大树的树干，而柱列则"暗示了树林之象"。中国人几千年来就是在这种"生命之树"的"丛林"中安顿着自己的一生。因此，在汉宝德看来，中国传统建筑的木骨架结构并非是"结构"理性的产物，也非所谓"在科学美学两层条件下最成功的，登峰造极"的技艺，而是中国人的"生命观"在建筑结构上的一个显著特色。这种观点来解释传统建筑的空间，可认为轴线是以"对称"的人体形态为观照来构建建筑形态的，以满足对均衡、平和的心理需要。而当"对称"的法则扩展至建筑组群时，便形成中国建筑乃至城市布局中的"中轴线"概念。中国人的"生命"，必然要在这种符合于人自身形态的空间格局中才能得到安顿。

正如汉宝德所言:"你面对一座左右对称、两翼舒展的建筑,乃能与你对自己身体的体会相融合,而感到一种精神的和谐。你若不能与它面面相对,就不能得到声气相应的精神效果。"

而这种"生命性",也展现了中国建筑不同于西方的独特"纪念性"方式,即并非以"不变"求得"永恒",而是紧贴着中国人的生命脉动在不断的"变"中实现其"不朽"。

道家文化作为中国文化的底色,其"天人合一"的哲学自然观,一直以来影响着中国人的思维方式。即所谓"道生一,一生二,二生三,三生万物",认为世间万物都是多维度、有等级的相互联系的体系。这影响到中国的传统美学思想,也是以自然为基础的。

中国传统园林是由建筑、山水、植物组成的一个有机整体,集中了各种自然要素,通过叠山理水营造出"虽由人作,宛自天开"的空间形态。在园林设计中,往往通过多种多样的形式来展现自然、表现自然。在充分运用自然要素造景的同时,形成动静不同的空间构图,达到步移景异的效果。造景的手法很多,如小桥流水、叠石飞瀑、四面垂柳、半潭秋水都是对自然要素的组合和概况,由此产生了"人化的自然"。作为中国四大名园的拙政园、留园、颐和园、避暑山庄,都是自然烘托建筑的典范之作(图2-1-1)。

在中国传统园林中通过理水、用水烘托建筑和环境的案例很多,主要是通过利用河流、湖泊、池沼、溪涧及曲水、瀑布、喷泉等。如《园冶》中所描述的"纳千顷之汪洋,收四时之烂漫"的绝佳水景,颐和园的昆明湖、避暑山庄的澄湖、河南卫辉百泉湖(图2-1-2)等就是典型代表,山水景观在视觉、听觉上都具有烘托建筑环境的效果。

以自然要素为设计手段的设计表现尤其强调中国传统建筑美学的表现。传统园林建筑设计追求的是"虽由人作,宛自天开"的意境,其建筑与山、水、植物等自然的关系表现为"水随山转,山因水活"的意境。陈从周先生在《说园》中提到的"模山范水",用局部之景,表现自然状态。如网师园中是水池,就是模仿虎丘的白莲池。中国古典园林设计中的树木栽植,更注重与建筑之间的关系,窗外花树一角,重姿态,能"入画"。如拙政园的枫杨、网师园的古柏都是园中经典的景色,做到了"园以景胜,景因园异",同样也因其形态、位置不同,有仰观、俯观的区别。

自然光与中国古典建筑的结合同样耐人寻味。如何最大程度地引入自然光,体现了我国工匠的智慧和天人合一的自然观。

我国古建筑多为坐北朝南的布局形式,也就是建筑的门窗朝南打开,有利于建筑采光,这符合地理环境学"负阴抱阳"的做法。紫禁城古建筑群中

（a）拙政园

（b）网师园1

（c）网师园2

（d）狮子林

图2-1-1　苏州私家园林
（图片来源：作者自摄）

（a）河南百泉园林山水景观

（b）水系与苏门山

（c）古建与桥梁

图2-1-2　辉县百泉园林

（图片来源：a：张文豪 航拍；其余作者自摄）

重要的宫殿均为坐北朝南，在建筑南侧通开门窗，北侧则大部分为墙体，这种布局有利于建筑采光。紫禁城古建筑屋顶檐部向外挑出（一般为柱高的1/3左右），并略带上翘的弧度，形成优美的曲线，成为挑檐。这种曲线屋面檐口上翘的做法，遮蔽阳光少，有利于建筑内部的采光（图2-1-3）。

由此可见，传统建筑在布局上考虑因地制宜，合理利用地域特点，在中国古典园林、建筑群等实例中体现出自然的表达各有不同，满足使用所需和精神所需。

（a）紫禁城太和门一角

（图片来源：作者自摄）

（b）太和殿室内采光

（图片来源：故宫博物院官网）

图2-1-3　传统建筑中的光

2.1.2　西方古典建筑中自然要素的表达

　　依据文化学的观点，中国和西方在文化起源上就朝着不同方向发展，形成不同的自然观和价值观。在建筑理念方面，西方重视分离、分类，强调建筑本体和几何学特质，把时间要素脱离于建筑空间之外。而中国古代的儒道思想，重视空间的关系和人与自然的连接性，在空间序列中带入时间性。这些自然观的差异导致了东西方对于建筑空间的营造出现截然不同的价值判断和处理方式。

　　所以，西方传统建筑大多都强调建筑本体的意义，以纪念碑形式自上而下垂直展开的形式，从"坚固、实用、美观"的基本原则出发，反映出西方古典试图通过建筑的永恒来达到人的永恒，而这个"永恒"又导致人与自然分离开。

　　古罗马的万神庙在空间和光的使用上堪称经典，对西方的建筑史和文艺复兴时期无数的建筑师产生极大的影响。万神庙采用了穹顶覆盖的集中式形制，重建后的神庙是单一空间、集中式构图的建筑物的代表，它也是罗马穹顶技术的最高杰作。万神庙平面是圆型的，穹顶直径达43.3米，顶端高度也是43.3米。按照当时的观念，穹顶象征天宇。穹顶中央开了一个直径8.9米的圆洞，这个洞口也是神庙内唯一的采光点，寓意着神的世界和人的世界的某种联系。从圆洞进来柔和的漫射光，照亮空阔的内部，光线会随着时间的变化在神庙内移动，照亮穹顶上的每一尊神像，有一种宗教的宁谧气息（图2-1-4）。

　　法国的建筑和造园艺术主要是为宫廷服务的，园林艺术形式展示君主集权。在当时的园林中可以看到大型而又极致的中轴对称，轴线的存在感极强，也因此失去了很多人情味。园林中的自然要素同样也是，与意大利园林不同的是，法国古典园林中以静态水为主，而且水域面积较大，水上大体量

| （a）万神庙顶部洞口 | （b）万神庙外观 |

图2-1-4　西方传统建筑中光要素的表现
（图片来源：作者自摄）

（a）中轴线

（b）雕塑与水池1

（c）雕塑与水池2

（d）园路与行列树

图2-1-5　法国传统建筑中的自然要素
（图片来源：作者自摄）

的雕塑，以欣赏倒影为主，称为"水镜"。除此之外，也有大规模的垂直喷泉，但由于园林规模较大，这些水要素的形式不占主导地位，因此，在法国古典园林中自然要素的形式较为单一，主要作用就是表现建筑与自然要素之间的呼应关系（图2-1-5）。

　　不同的是，中国传统建筑一直追求建筑在"时间"中的变化，由于建筑形态不是单一集中的形式，是有序列的组合关系，人对建筑空间的体验感知

（a）宏村月池风貌

（图片来源：作者自摄）

（b）宏村村落卫星图及月池格局

（图片来源：网络）

图2-1-6　安徽宏村水系

不是一瞬间对建筑整体形成的，而是伴随着人与建筑不同的位置关系发生着变化，如传统的四合院和园林建筑等。中国传统聚落反映了中国人的自然观，如安徽宏村的水系（图2-1-6），半月形的水塘具有文化的象征，"满则损，谦受益"的思想深入中国人的生活方式中，建筑在此更像是一个沟通的媒介，一种谦和的姿态面对自然。而西方古堡庄园的水系更多注重一种防御体系（图2-1-7）。

图2-1-7 欧洲古堡庄园的水系
（图片来源：作者自摄）

2.1.3 日本传统建筑中的自然要素

与中国园林对名山大川的模仿不同，日本园林更注重对自然景物的象征，形成枯山水的特征。日本的庭园历史甚久，传统的日本庭园也称为和风庭园。一直以来，日本人特别重视庭院的作用，他们把庭院作为精神栖息地。日语中的"家庭"就体现出住与庭之间密不可分的关系。日本古典园林受中国文化影响较大，日本受中国大陆及朝鲜半岛的佛教和蓬莱神话思想的影响，开始出现了对中国早期皇家苑囿中"一池三山"的池苑模式以及自然山水式的"池泉庭园"，庭园中以曲折的水池为中心，环池疏布屋宇。水池多为观赏与曲水宴之用，池中布置岩岛、名石、瀑布、小桥等（图2-1-8）。

枯山水是日本最具特色的建筑空间中"水"的应用实例，以无水胜有水，营造出特色鲜明的建筑环境。一般枯山水，规模较小，用石、沙代替自然环境的山水。如始建于14世纪的京都龙安寺方丈庭，三面矮墙围出一片长方形石庭，在当中用疏朗的石块点缀，并辅以形态不同的草丛为装饰，象征着树丛环绕下的岛屿山峦；周围是大片平铺的白砂，象征大海。庭院中的空间处理是在相对狭小的空间内进行的，利用建筑化的处理手法模拟山川河流，值得注意的是，这里并非真正意义上的水，而是利用建筑的手法塑造出的水，此时已经超越了建筑空间水的物质范畴，上升到了精神层面（图2-1-9）。

（a）金阁寺园林

（b）依水园

图2-1-8　日本园林中的自然
（图片来源：作者自摄）

（a）龙安寺方丈石庭　　　　　　　　　　（b）日本京都龙安寺

图2-1-9　日本龙安寺枯山水
（图片来源：网络）

2.2　现代建筑与自然要素

　　现代建筑的产生、发展是人类建筑史上的重大进步。新技术、新材料、新风格的运用使城乡建设和人类文明得以迅速发展，但也存在一些问题，如国际式建筑导致的城市千篇一律和对人性的漠视。现代建筑在发展过程中也不断修正，呈现多元化的发展趋向。

　　人们所熟知的，柯布西耶总结的现代建筑的五个特征：底层透空、屋顶花园、横向长窗、自由空间、自由立面，与自然要素也有着密切联系（图2-2-1）。

（a）建筑外观　　　　　　　　　　　　（b）室内与屋顶花园

图2-2-1　萨沃耶别墅
（图片来源：《Architecture in the 20th Century》）

（a）巴塞罗那展览馆的几何水体与空间分隔　　　（b）巴塞罗那展览馆的水池与雕像

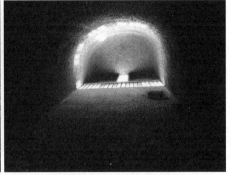

（c）朗香教堂不规则开窗及光影效果　　　　（d）朗香教堂的神秘的天光造型

图2-2-2　现代建筑的光与水景
（图片来源：作者自摄）

　　现代建筑空间创作与自然的一致性指的是空间组成部分，如形体、色彩、风格等。在一定程度上保持相似性或一致性，给人整体统一的视觉效果。

　　现代建筑所处的外部环境是丰富多样的，尊重自然，回应气候，是对建筑进行设计时无可避免的重要准则。现代建筑设计中的多种设计手法结合自然要素，也可使建筑融入环境中。如两个经典的现代建筑，一是巴塞罗那展览馆中的流动空间与水体景观；二是朗香教堂开窗与光影变幻，具有原创性（图2-2-2）。

2.2.1 建筑与自然光

光线是建筑表现中最微妙、最具有精神象征的要素。

人们在自然光环境当中，通过光线的强弱来感知季节、气候、时间的变化，从而满足自身对场所的空间感、安全感的需求。自然光相比人工光更能激发人、引导人去感受场所的独特性，意识到建筑空间与外部环境的关系。安藤忠雄在描述住吉的长屋时，曾说到"我设计的庭院占据基地的1/3，并位居中央（图2-2-3）。它揭示了日常的自然界的各个方面，是在住宅生活的中心，也是一个引唤现代生活中正日趋消失的光、风、雨等自然物的装置。"在这个庭院内，光从天空倾泻而下，在内庭四周的墙壁上留下深深的阴影。通过光线的变化，可以感受到时间、季节的变化，并深深地体验到，在这样的一个庭院内，并不单只是观察到一棵树，更重要的是人深层情感和外部自然界的相遇和碰撞。

建筑不仅是使用的空间，也是人们精神的安息之所。对建筑师来说要在建筑和自然光中表达幸福、充实、健康的感觉是难以以具体形态呈现的，那么合理地应用光可以使建筑物形态更丰富，空间更有意义，同时可增进人与人之间的距离。

路易斯·康指出："没有自然光，一个空间无法成为真正的建筑……随着自然光的射入，它对空间进行调节，通过在一天中的不同时间段和一年中的不同季节中所产生的微妙变化为空间赋予了某种情愫。"[1]

（a）空中通道　　　　　　　（b）楼梯　　　　　　　　（c）院落

图2-2-3　住吉的长屋

（图片来源：《Architecture in the 20th Century》）

---

① 路易斯·康. 自然的光影 [J]. 建筑论坛.

约翰迪尔曼利莱在他的著作《可持续发展的更新设计》一书中提到："建筑形式引导自然光的流动"，他认为自然光总是追随建筑形式而流动的，而建筑形式也因循着自然光的变化规律而变化。这些所谓的建筑形式，实际上包含了建筑空间的组合方式、采光口设计、空间界面的材质特征以及遮阳技术等方面，它们都是建筑创作利用自然光的基本创作手法。运用这些设计手法，建筑师可以创造出丰富的建筑形态和神秘的、梦幻般的光影效果，丰富空间的层次感。

1. 空间组合方式

布局形式	构图形式	空间特点	实例
集中式		具有很强的向心性，构图稳定，方向确定	罗马万神庙、纽约古根海姆美术馆、墨西哥圣十字教堂
线式		包含一个或多个空间，秩序感强烈	萨尔克生物研究所
组团式		多个空间用不同方式连接，形成独立、分散的组团形式	莫里斯红屋
放射式		与集中式相同，方向感强，相反的是具有离心性	广岛丝带教堂
网格式		布局上有一定的规律性	

建筑师可以通过对建筑空间组合的方式进行设计以获得最佳的自然采光，并与天窗、中庭、内院等相结合，增加自然光的进光量。这就可以弥补单侧采光引起的进光量不足及强烈的亮度反差等缺点，也为室内外环境的流动创造了机会。

建筑师对自然光的设计，结合建筑功能的实际需求，创作了许多典型的建筑形式。根据程大锦所著的《建筑：形式、空间和秩序》一书所列举的空间组合方式包括：集中式组合、线式组合、组团式组合、放射式组合和网格式组合五种常用方式[①]，这里主要针对主要三种组合方式进行分析。

（1）集中式

集中式组合，由几个次要空间围绕占据中心的主导空间组成，具有稳定的向心性。集中式组合本身并没有方向性，建筑形式规整且集中，由于中心主导空间处于主导地位，空间的场所的意义，常常在中心的主导空间中具体体现。

同时，对于集中式而言，由于中心主导空间被次要空间所环绕，中心空间将无法直接从建筑侧面获取自然光，因此在实际的采光策略中，建筑师常常使用天顶采光、庭院采光等采光方式来进行采光。罗马万神庙、纽约古根海姆美术馆都采用了集中式布局及其对称饱满的天顶采光（图2-2-4）。天顶采光成为集美学价值、建筑功能、力学结构、空间形制、场所精神于一身的集中体现，是建筑公共空间采光的重要方法。

墨西哥圣十字教堂（图2-2-5）由一个旋转的圆顶构成，圆顶由四个具有抛物线或卵形轮廓的拱形组成。整个建筑和形态中心非常稳定，有很强的向心力，而旋转拱形形成的圆形和开放轴线空间，给予了头顶的光线穿过的通路，自上而下的光线显得非常纯粹。

（2）线式组合

线式组合包含了一个或多个空间的序列，这些空间可以在序列方向上逐个连接，也可以通过单独的线式空间来联系。

在线式组合中，通常在序列方向转折处、序列终点处或局部偏离序列的地方出现整个线式组合的重要空间。线式组合的特点是具有方向性的，同时意味着运动性和延续性。其本身所具有的可变性可以顺应地形的变化而调整，并且通过改变其序列方向来获得最佳的自然采光方案。

一般情况下，若线式组合的长向沿东西向布置，则空间内部可以获得大量变化强烈的自然光，结合建筑表皮的遮阳措施，常给内部空间带来强烈的韵律动感。若沿南北向布置，室内的光影效果虽不如东西向快速强烈，但根据建筑实际使用功能，自然光在室内会显得更为平易近人。

---

① 程大锦. 建筑：形式、空间和秩序（第二版）[M]. 天津：天津大学出版社，2005.

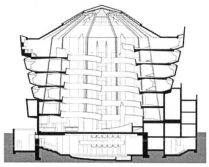
（a）古根海姆美术馆剖面图

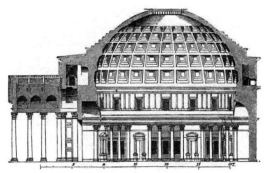
（b）罗马万神庙剖面图

（c）古根海姆展厅外观

（d）罗马万神庙外观

图2-2-4　集中式构图的天顶采光
（图片来源：网络、作者自摄）

（a）建筑外观

（b）内部空间与采光

图2-2-5　墨西哥圣十字教堂
（图片来源：网络）

在线式组合中，其采光方式通常使用侧窗采光。单侧采光往往用于进深较小的空间中，多侧采光常用于采光需求量大、进深大的空间中，当采光不足时，也可以使用天顶采光来补充。

在路易斯·康的萨尔克生物研究所中（图2-2-6），建筑实体就是采用这样线状组合方式对采光进行考虑的，这种线状布局的采光方式使建筑和外

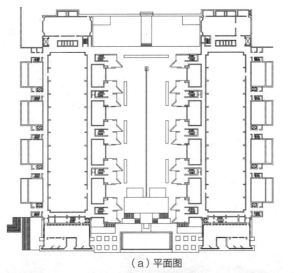

（a）平面图

（b）实景照片

图2-2-6 路易斯·康萨尔克医学研究所
（图片来源：网络）

部空间形成了内外呼应的关系。建筑南北朝向，两两成组。每栋建筑分为三层实验层和三层设备层。为了避免遮挡临近区域的视线并保证庭院恰当的比例，路易斯·康将整个建筑群的底层嵌入地下，同时，在每栋建筑的南北两侧设计了八个下沉式的庭院，四个在南面，四个在北面，它们给底层实验室提供了自然光线。

波兰殉难者陵墓（图2-2-7），就是采用了线式组合的布局方式，展现战争之后的哀思和对亲人怀念的建筑氛围。对于这样一座纪念性建筑，用片段化的建筑墙面、屋顶等手段展现出一种"破碎"感，光从割裂的墙体、屋顶中渗透进来，象征着希望的强大力量。

（3）组团式组合

组团式组合是将各个不同空间，通常为重复的、细胞状的空间紧密连

（a）实景鸟瞰

（b）建筑立面

（c）采光方式1

（d）采光方式2

图2-2-7　波兰殉难者陵墓
（图片来源：网络）

接，形成独立、分散却又紧密统一的空间组合形式。这些空间一般具有相似的建筑功能，并在主要朝向上有共享部分。

组团式的形制可以包含尺寸、形式、功能各异的各个空间，由于其各个小空间可以较为独立，更容易获得良好的采光效果。如莫里斯住宅（图2-2-8）、黑川纪章的卡鲁扎瓦住宅、流水别墅等都是现代建筑组团式组合经典实例。

2．采光口设计

在建筑设计中，采用何种形式的采光口，需要考虑的是采光口的朝向、尺度、位置等因素，影响着建筑内部自然光的运用。

（a）外观造型

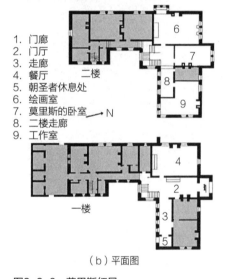

1. 门廊
2. 门厅
3. 走廊
4. 餐厅
5. 朝圣者休息处
6. 绘画室
7. 莫里斯的卧室
8. 二楼走廊
9. 工作室

（b）平面图

（c）轴测图

图2-2-8 莫里斯红屋
（图片来源：网络）

莫里斯红屋成为19世纪工艺美术运动的重要见证，象征着世界建筑向现代建筑的转折。
建筑体现了很多哥特风格的细节和特点，如塔楼、尖拱入口等，呈"L"形布局，全部由红砖建造，表现出建筑的筋骨质感，也是英国历史上第一座红砖建筑。

（1）采光口位置

对于空间创造而言，自然光不仅仅是一种自然元素，同时也拥有创造生命力的力量，根据太阳高度和方位的变化规律，利用采光口的不同朝向为人们带来不同的自然光环境，产生变幻莫测的体验。

一年四季和每天的不同时段，光和影的变化，清晰地表述着时间的推移。清晨、午后和黄昏，光影的变幻，是自然光在一年之中、一天之内带给人们的感受。

位于日本兵库县的风之教堂（图2-2-9），就是充分利用采光口的朝向、位置，为人们呈现出光之个性的典范作品。

风之教堂坐落于神户六甲山上，因而也被称为六甲山教堂，1989年建造完成。教堂位于山顶的一块斜坡上，出于对地形的考虑，在平面构图上呈现"凹"字形，主要由正厅、钟塔、"风之长廊"以及围墙构成。

（a）内部实景图1

（b）内部实景图2

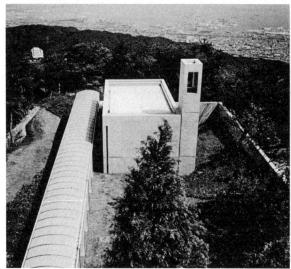

（c）外部实景图1

（d）风之教堂外部实景图2

图2-2-9　安藤忠雄风之教堂

（图片来源：网络）

要进入风之教堂就必须登上六甲山，来到那处海拔800米的临海峭壁，那条显眼的狭长通道——风之长廊是进入教堂主厅的必经之路。风之长廊呈直筒状，钢结构成了长廊的基本骨架，墙面和顶部主体部分由磨砂玻璃构成。玻璃的厚度接近立柱的厚度，削弱了透射光线的强度，使通道显得幽暗与神秘。钢结构的立面划分使之具备柱列的元素，而且顶部的弧面还颇有点拱券的味道，因而它绝非简单的通道。

长廊的尽头直接通向峭壁，穿过去就可以看到海，但是要进入教堂的主厅还需通过侧门来个180度的转向。长廊的半封闭空间以及地势的落差，曲折婉转的主厅入口，增加了空间序列的仪式感。长廊内海风穿廊而过，海风拂面，身心回归自然的感受。

安藤忠雄的建筑创作非常注重与自然的对话，从长廊扑面而来的海风以及透射的弱光，厅室内外光与空气的连通，落地窗的影十字，无不体现出它与自然的交流，正是这些让人们感受到那种真实与纯粹。随着日出日落，丰富多变的自然光效果在建筑空间中竞相上演。太阳的运动轨迹被呈现在连续的墙面，空间同时接受着自然光的洗礼，而建筑空间则成为与自然无缝转变的媒介。

加拿大的莫尼克·克里莫图书馆，根据加拿大地理为特点和图书馆与社区中心功能的需求设计采光口，对光源进行组织，形成了别样的室内光环境（图2-2-10）。

除了根据日照方向外，按照其在空间界面上的位置，采光口也可以分为侧墙采光口和顶面采光口。不同的采光口位置将影响到自然光在空间中的分配，影响光线的照明条件以及人们的空间感受。

对于侧墙采光口，当其与地面及屋顶的相对位置有所不同时，进入空间的自然光也会随之发生变化。

（2）采光口的尺度

对于现代建筑而言，光绝不是一个消极的照明者，而是一位积极的创造者。采光口的尺度不仅是从能耗方面进行考虑，更涉及空间所需的自然光性质、室内外联系及空间形式表达等诸多方面。

首先采光口的尺度就决定了建筑立面的虚与实。尺度较小的采光口明显地限定了室内外空间，强调了室内空间的私密性，衬托出了室外空间的开放性，使用小尺度的采光口，可以起到中国古典园林中的"框景"作用，将人们的视线吸引到特殊的环境特征中来；而尺度较大的采光口则开阔了人们的视野，弱化了室内外的界线，并将景观充分引入室内，从而增强了室内外空间的相互渗透与协调。

（a）建筑入口

（b）室内光环境

（c）两种不同位置的采光口对比

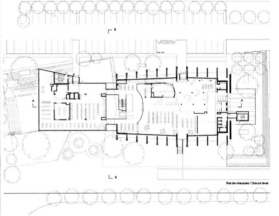
（d）平面图

图2-2-10 莫尼克·克里莫图书馆
（图片来源：网络）

3．遮阳技术设计

每一种遮阳方式所提供的遮挡自然光的效果也是不同的，这一点也为建筑空间带来了更多的自然光的体验。建筑师在遮阳设施和立面美学方面都进行了很多尝试和研究，当代，各种遮阳设施已经能够较好地满足遮阳需求，同时也给建筑立面设计带来灵活性和动态趣味性。

（1）遮阳板

遮阳板是最早出现，原理最为简单的一种遮阳方式。它的运用是在采光口上设置独立的遮阳板，既能阻挡室外的直射光线，又能利用遮阳板表面将光线漫反射入室内空间，形成均质柔和的室内光环境。根据采光口朝向的不同，设置水平式遮阳和垂直式遮阳两种形式。一般情况下，西侧的采光口由于太阳高度较低，直射光较多，通常采用垂直式遮阳；而在南侧，太阳高度较高，一般使用水平式遮阳来遮挡自上而下的光线。在遮阳要求较高的建筑中，同样可以将水平和垂直两种遮阳方式结合使用，来阻挡更多的光线。

在马赛公寓中，一个网格结构图贯穿了这栋南北向综合住宅楼的西侧、东侧和南侧的立面（图2-2-11）。在退后的空间中，阳台的墙构成了水平向的线条，而柯布使用遮阳板从根本上确定了马赛公寓雕塑一般的立面，并且运用可塑性强的混凝土雕塑与屋顶的景观联系在一起。在这栋建筑中，简洁的遮阳板近乎用一种完美的手段，这种方法是用结构手段进行环境控制的手法之一。当然，固定的遮阳板有其一定的局限性，因为它的整体性导致了遮阳板系统不能根据一天中或不同季节的光线变化来进行调整，这是固定遮阳板无法回避的不足之处。

（2）遮阳百叶

遮阳百叶的出现给遮阳设计提供了多种可能性。这种遮阳方式最早出现在欧洲，起源于住宅中的百叶窗。最普遍的百叶窗为四扇，两扇朝室内开启，两扇开向室外。这种活动的百叶窗能根据室外光线来进行灵活调节。而现在百叶窗已经经过不断的变化改进，衍生出了现代版的卷帘百叶，或以凉棚、铰链、折叠和推拉形式的条形百叶以及与隔热玻璃相结合的百叶窗，这些元素与建筑功能的结合又赋予建筑立面新的表现力。

赫尔佐格&德梅隆在巴塞尔大街设计的商住楼中的折叠百叶窗颇具趣味性。这座建筑位于一块狭长窄小的基地，公寓沿向南侧打开的中庭布置；这些百叶可以单独开启，从而带来建筑沿街立面的丰富多变。百叶窗之间的开启和关闭的变化使得建筑立面充满了魅力，凭借穿过楼板的波浪形透光缝隙，勾勒出了崭新的竖向线条，特别是夜晚朦胧光线的渲染，更会增添一层层神奇的色彩。而在百叶窗完全闭合时，整个建筑就像小憩一般，不被外界所打扰（图2-2-12）。

4．建筑界面材质

空间界面材质与采光口有着密切的联系，通过对两者关系的分析和比对，建筑师可以利用空间界面自身的特性来作为调节和呈现自然光的设计手段，进而充实建筑室内丰富多变的光环境。

光进入室内空间中，主要的空间界面为墙面、地面和顶棚。其中墙面和顶棚更为容易与采光口相结合设计，这两方面的界面材质是建筑师尤为重视和精心思量的。

（1）玻璃界面

玻璃以其纯净、透明的特质，在现代建筑中广泛利用。玻璃的反射和透

（a）马赛公寓遮阳板　　　　　　　　　　　（b）三角形遮阳板

（c）竖向金属遮阳板　　　　　　　　　　　（d）竖向遮阳板

（e）赤陶遮阳板1　　　　　　　　　　　　（f）赤陶遮阳板2

（g）教学楼的遮阳板与建筑造型　　　　　（h）建筑西立面外加遮阳造型

图2-2-11　遮阳板在建筑立面上的应用

（图片来源：网络）

（a）计算机控制的遮阳板 　　　　　　　（b）开窗朝向与遮阳结合

（c）竖向遮阳与框架 　　　　　　　（d）遮阳板与立面造型

图2-2-12　遮阳百叶在建筑立面上的应用
（图片来源：作者自摄）

光性使建筑室内外空间产生联系和融合。在现代高层建筑中，玻璃与钢的组合引领了建筑的新风尚。

　　汉考克保险大楼的设计在建筑玻璃幕墙的运用上有其独到之处。大面积玻璃幕墙的反射性能使得三一教堂的影像呈现在这座大厦的外立面上，使得新老建筑在玻璃幕墙上得以融合，大大地削弱了汉考克大厦对原有环境的冲突。

　　在现代公共建筑中玻璃与光的关系尤为密切，玻璃砖、磨砂玻璃等这种定向扩散的半透明材料的应用，给建筑创作带来更多的选择和可能性（图2-2-13）。

　　建筑师在建筑主体中设计了室内体育活动中心和游泳馆两大部分，并以一条跨街的大型缓拱形廊桥将两者的公共空间串通为一个整体，并通过一个

（a）卢浮宫玻璃金字塔，采光与几何形

（b）柏林议会大厦柏林穹顶内部和双螺旋坡道

（c）河南艺术中心，玻璃墙体造型

（d）河南艺术中心玻璃过厅

（e）住宅与玻璃阳台造型

（f）阳台与遮阳处理

（g）郑州大数据中心，玻璃盒子的现代演绎，对话与沟通

图2-2-13　现代建筑中的玻璃运用
（图片来源：作者自摄）

环抱的入口广场，沟通了建筑东西和南北。从平面设计的角度，可以总结归纳出以下要点。

建筑主体包含了综合活动场、训练馆和游泳馆等（图2-1-14），对陆地运动与水上运动进行了区分。建筑师通过一侧两层高的檐廊跨越道路连接各个功能，空间规整而灵活。在场地规划上，南北设一大一小两个广场，与东侧室外运动场相连通，同时使室内运动场地向西面校园空间敞开，形成良好的交往互动空间与观赏运动平台。

建筑通过"拱"这一单一元素的丰富变化，将各类运动场地空间依其平面尺寸、净高及使用方式，通过使用一系列结构进行整合，带来了大跨度空间和高侧窗采光。五种不同高度的空间形态，暗示出内部多样的运动功能。连通东西的环抱形入口广场，通过线性公共空间叠加串联使场地内建筑成为整体。

（a）建筑外观 （b）体院馆室内

（c）屋架结构与采光 （d）篮球馆室内 （e）游泳馆室内水域光的交织

图2-2-14 天津大学新校区室内体育活动中心

（图片来源：a：北洋学堂；其余作者自摄）

弧形楼梯、东侧架高室内跑道及其外窗，为公共大厅带来了自然光线以及向远处延伸的景观意象。游泳馆的入口公共空间是一个紧凑的中庭式空间，与公共大厅产生了功能性区分。

建筑屋面通过拱壳结构单元的重复，形成律动的第五立面，给建筑外观带来动感和自然的节奏。建筑师通过结构的设计回应了环境、强化了功能、引入了光线、塑造了空间、造就了形式，整个建筑以强有力的存在形式与环境产生了有机的互动与对话。

（2）砖石、混凝土界面

砖石是最普遍的建筑材料，具有广泛性和地方性，因此，通过砖石砌造的建筑往往反映出浓郁的地方风格。在阳光的照射下，砖石砌体和混凝土一样，质地粗犷、手感粗糙有颗粒感，往往有强烈的雕塑感，可以用来表现建筑结实有力、朴实冷峻和凝重的建筑个性。此外，砖石材料还有两个重要的表现因素，一是在取得墙体稳定性和强度的同时，砖石砌体按照模数分层叠合砌筑，排列方式多种多样；二是其勾缝方式可以作凸缝、凹缝和平缝。将砖石的砌筑方式和勾缝方式这两种表现要素综合设计，会在阳光下形成特有的纹理与质地，增强砖石的艺术表现力。董豫赣的清水会馆就是近年来国内利用砖石砌筑充分展现界面材质与光的作用的优秀作品之一（图2-2-15）。

对于建筑设计来说，能巧妙地运用当地的材料（通过同质同色底融入环境）、通过反射（建筑变成环境的"镜子"）或是高透材料（表皮在视觉上

（a）室内局部1　　　　　　　　　　　（b）室内局部2

（c）院落　　　　　　　　　　　　　（d）室内局部3

图2-2-15　清水会馆
（图片来源：同尘设计事务所）

消失）能够使建筑界面得到一定程度的柔化，形成在创作过程中对自然的利用。

电影和建筑学在一件事情上是相通的——都是依赖于连续的光影变化的艺术形式。泰国Kantana电影和动画学院（图2-2-16）的建筑中，完美地展现出了这两种艺术形式相互融合的成果。"光与影是基本的建筑要素"，泰国建筑师汶颂·普雷姆塔达说，"它们与景观、背景环境同样重要，与色彩、气息、口味同样重要。"

这个建筑采用六十多万块比普通砖大一倍的手工砖块为材料，采用不同一般的砌筑方式，砌成弧面墙体，形成柔软近人的同质墙面。树林穿梭在建筑当中，因此对墙体进行这些富有创新感的创作手段——打破和开洞，带来了一系列绿树丛生的模糊空间，在自然光线下营造出层叠斑驳的光影，亮部与暗部同时出现在起伏不平的墙面上。

惊人的厚砌体被不规则间隔的正交孔打破，这既有助于通风空间，又为休息和放松提供了安静的空间。建筑内部由钢制结构支撑，建筑内外表皮之

（a）建筑外立面 （b）厚砌的墙体

（c）满足通风及私密性的需求 （d）镂空模糊了建筑边界

（e）平面图 （f）超大尺度的墙身

图2-2-16 泰国Kantana电影和动画学院
（图片来源：Kantana Film and Animation Institute）

间的空隙有效地控制了热量的传递，自然地冷却了空间。学校被组织成五个不同的区域——行政管理、演讲室、工作室、图书馆和食堂——它们都由轴向走廊网络连接，由起伏的垂直砖面划分。

与砖石相同，混凝土作为建筑材料的历史也很悠久，是一种具有极强可塑性的人造石材，柯布西耶和路易斯·康的作品都有混凝土运用的成功案例。

图2-2-17　木材界面的使用，半通透与光格栅的效果，像阳光照射在深林之中
（图片来源：《Architecture in the 20th Century》）

　　当代，混凝土所具有的性能使它在建筑色彩、质感、结构、空间等方面影响着现代建筑造型和艺术表达，体现了混凝土建筑独特的美学价值和建筑意义。

　　（3）木材界面

　　木材有着温厚的个性，能与自然光相互渗透、同化、感染。木材本身有着丰富的色彩和肌理，当阳光照射在它的表面，光与木材就开始了对话（图2-2-17）。

　　日本建筑师矶崎新在武藏丘陵乡村俱乐部（图2-2-18）的设计中，从地基发掘中发现了美丽的绿色片岩，他决定把木构和石材作为有意味的符号和大森林的记忆组合到新建的俱乐部中去，在建筑中创造一个具有情节性的象征元素。其中的方尖塔被用来隐喻基地上曾经生长过的森林，阳光像透过树叶般地漫射穿过方尖塔的木格栅，塔内四根原木立柱成为象征性的符号而非结构性构件。在此，方尖塔不仅是空间形态的构图中心，其隐喻的结果也产生多种释义，增强了建筑语言的联系和美感。

　　（4）金属界面

　　金属是一种对光非常敏感的材料，光源的任何变化都会在它身上得到快速的反馈。抛光的金属界面就像镜面一般能够反射大量的光线，在日照强烈的地区，容易产生大量的眩光和令人不适的亮度，因此，使用时要十分谨

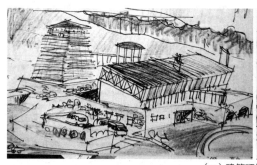

（a）建筑环境及形态示意图

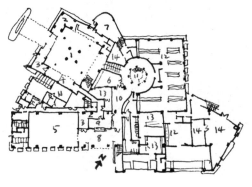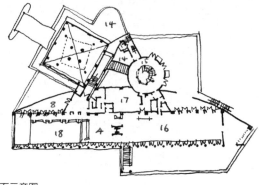

（b）平面示意图

图2-2-18　武藏丘陵乡村俱乐部
（图片来源：作者手绘）

慎。目前，使用较多的是亚光金属界面，这种材料更为雅致，且由于其本身具有质感肌理，较少产生眩光效应。如果在设计中想要使建筑具有活泼流动的现代感，可以将抛光金属界面和亚光金属界面相结合。

Bussy Saint George档案馆（图2-2-19），利用简洁的形式和材料，维持了建筑的一致性和完整性，通过光线带来的反射使建筑成为一种自然的延伸，采用了不锈钢板和铝合金板为主体建筑材料。与反射度很高的镜面材料不同，铝合金板的反射柔化很多，看上去更加不真实，也正因为这样，反射后的画面为立面本身就增加了更多不确定因素，使得立面与环境之间的延伸更加多样化。

另一种能映射环境的材料是以镜面为代表的反射材料。在查尔斯·赖特建筑事务所的凯恩斯植物园访客中心项目（图2-2-20）中，凯恩斯植物园访客中心藏身于澳大利亚昆士兰州偏远的北部热带雨林之中，这是一座令人难忘的热带建筑，因为一个体量巨大的建筑竟然能天衣无缝地融入周边环境。

为了契合环境要求，建筑师提出了一种"镜子立面"的设计方案，可以如实反射出周围的花园景致。建筑师将之描述为"与1987年的电影《铁血战士（Predator）》中外星怪物穿的隐形外套拥有相似的视觉效果"。

（a）建筑外立面1　　　　　　　　　　（b）建筑立面2

（c）建筑立面3　　　　　　　　　　（d）建筑立面4

不同时间段，建筑立面对的阳光反射。

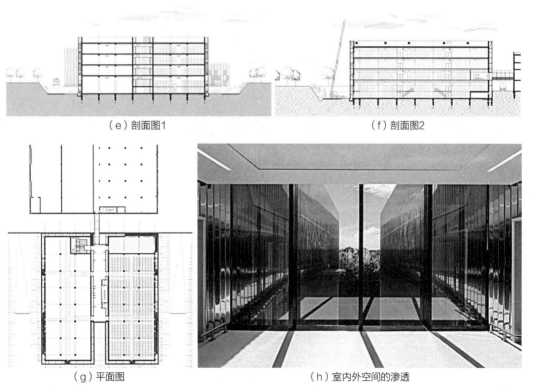

（e）剖面图1　　　　　　　　　　（f）剖面图2

（g）平面图　　　　　　　　　　（h）室内外空间的渗透

图2-2-19　Bussy Saint George档案馆
（图片来源：网络）

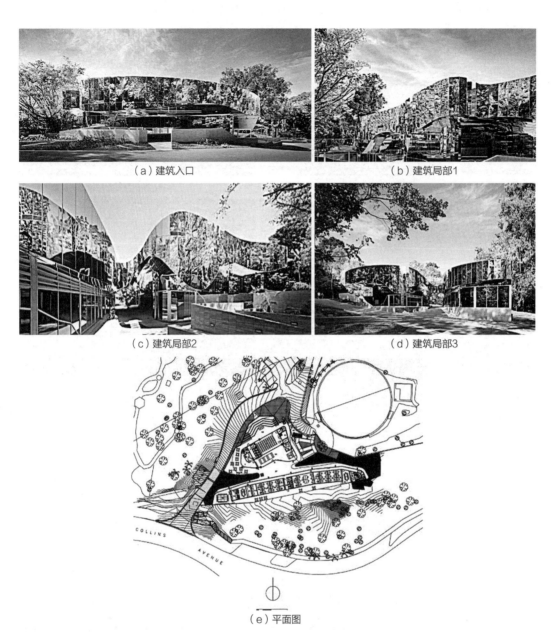

（a）建筑入口　　　　　　　　　　　　（b）建筑局部1

（c）建筑局部2　　　　　　　　　　　　（d）建筑局部3

（e）平面图

图2-2-20　凯恩斯植物园访客中心项目

（图片来源：Cairns Botanic Gardens visitor centre，mirrored glass interface）

　　隐藏的入口内包含咖啡馆露台、信息和展览空间，以及政府员工办公室。这里使步行长廊更有活力，在连接艺术中心与花园的同时还能为闷热潮湿的热带花园提供一处阴凉干爽的区域。

2.2.2　建筑与水环境

　　水是生命之源，人类生产生活离不开水，水也是建筑功能、环境和景观不可分割的自然要素。正如《道德经》所曰："天下莫柔弱如水，而攻坚强者之能胜"。现代建筑空间中水要素设计就需要遵循水的这种哲学思想为原则，使建筑美学与水的特征相结合，水要素成为建筑空间的设计手法。

1．水要素与建筑的限定

空间是通过实体界面围合出的形态，由于实体的限定才能被人感知到，因此，建筑中的墙体、柱子、楼梯、楼板、台阶等不同的空间构成要素经过的排列和组合，可以构成不同形态的空间。而建筑空间中的水，也是通过垂直方向和水平方向的建筑构成要素所限定出来的，并与建筑环境相结合，形成不同的水域空间。

水要素与建筑的限定方式　　　　　　　　　表2-2-1

垂直	设立	点		
		线		
	围合	建筑围合水面		
		水面围合建筑		
水平	覆盖	实体限定		
	架空	形成新的空间		

（表格来源：作者自制）

（1）垂直方向

垂直方向的限定主要是通过设立和围合两种方式来实现的。

设立：建筑就是给空间以确定性，在空间中指明某一场所，从而限定了其周围的局部空间，是空间限定最简明的形式。主要有点设立和线设立两种，设立是视觉上的心理限定，需要依靠建筑实体形态获得对空间的控制，产生一种对周围空间的凝聚力和向心力。这种向心力的大小与建筑体量大小、高低、周围建筑围合程度等呈正比例的变化。

围合：也是空间限定最典型的形式。不论建筑空间围合着水空间，还是水面围合着建筑空间，只有当两个空间的尺寸存在一定差别时，才会形成明显围合的感觉。

（2）水平方向

由于人类日常生活的地面是天然的基面，所以水平方向的限定主要是通过覆盖和架空两种方式来实现。

覆盖：是具体而实用的限定形式。但覆盖对空间并不能明确界定，也是一种抽象的、心理上的限定。如树下或亭子的阴凉空间，能使乘凉、休憩的人获得心理上的安宁和舒适。

架空：与覆盖有本质区别，架空而成的空间其顶面也同样具有使用价值，与下层空间共同构成复合空间。

2．水要素与建筑空间的结合

水要素与建筑空间的结合方式　　　　表2-2-2

围合	建筑包围水面		建筑成为空间重点
	水面包围建筑		建筑界面开敞，与水面呼应
接触	水面与建筑边界接触		良好的视线层次
相交	水面与建筑空间相交		建筑通过架空或覆盖的方式与水面呼应，上下两层空间均是具有功能性的空间

（表格来源：作者自制）

（1）围合关系

建筑空间和水空间通过相互围合，可以形成视觉和空间上的连续性。在设计中，只有两个空间的尺寸存在一定差别时，才会形成明显围合的感觉。若被围合的空间尺寸增大，则这种围合感会被破坏。

在建筑庭院中布置水，是利用水要素的常用手法。空间因为建筑要素的围合而具有较强的封闭感，而庭院中水体的运用，往往成为视觉和空间的重点，对空间气氛的渲染起到重要的作用，增强了建筑的空间层次感和氛围。

日本建筑师安藤忠雄对水体与建筑空间的把握细致到位，他在良渚文化中心设计（图2-2-21）中，表现了"情感本位"的空间概念，在大屋顶之下，三栋建筑成"三"字形布局，整个建筑非常注重人、建筑与自然的内在关联，用简单的语言创造丰富的空间，并且引入自然界的抽象元素，使空间体验变得有感染力。屋顶的采光窗、延伸至屋面下的水面和水岸边的樱花道，打破了清水混凝土封闭的印象，光、水、樱花这三个元素也是安藤惯用的自然元素，这些元素非常融洽地融入建筑内部。

　　水面围合着建筑空间也是现代设计中常用的柔化建筑边界，增加空间层次效果的设计手法。在中国国家大剧院项目（图2-2-22）中，保罗·安德

（a）整体环境鸟瞰图

（b）内部开放空间及屋顶采光

（c）南立面及水景

（d）东立面及水景

（e）西立面及入口

（f）北立面和东立面

图2-2-21　良渚文化中心
（图片来源：a：网络；其余作者自摄）

（a）国家大剧院建筑主体与水面　　　　　　　（b）国家大剧院网壳结构与玻璃幕墙面

图2-2-22　国家大剧院
（图片来源：作者自摄）

鲁做了一个3.5万平方米的巨大水池，将主体建筑围在其中。一个恬静的水池，宛如一块巨大的镜面，镶嵌在光亮的"镜框"中，水中映射出壳体的倒影，构成一幅完美的图画。

山西太原穹顶植物园（图2-2-23）建筑实践中将圆顶温室与水面结合，清透的水面与通透的玻璃、自由曲线的岸线与圆形的温室多重对比，达到构图上的和谐。根据温室种植植物的习性特点不同，在区位的安排上也有所体现，最小的圆顶位于湖面上，屋内有水生植物的展览。温室面朝南，以便全年获得最大的阳光照射。它们的木制格子屋顶结构在北侧较为密集，在南侧较为稀疏，以优化太阳能的积累。因此，由外向内望去，三个温室立面呈现出不同的肌理效果。

（2）接触关系

接触是空间关系中最常见的形式，每个空间依此得到明确的限定。

水体作为与地面不同的介质，天然地在肌理上起到了分隔空间的作用；而水的物理属性又决定了它将以下沉的方式与建筑接触。相接触的建筑与水面之间的视觉和空间的联系程度又取决于既将它们分开，又把它们联系在一起的分割的特性。大体上来说，有两种分隔方式：以透光性的介质分隔和以柱廊的形式分隔。关于这两种分隔方式简单来说是以材质本身的特性和组成方式有关的。

透光性介质分隔：在两个相邻空间的分隔面处设置透光分隔介质，空间隔而不断，介质通透性的强弱就决定了这两个空间的联系程度。

柱廊形式分隔：以线状排列的柱廊分隔两个空间，它具有强烈的空间秩序感和视觉上的连续性，而通透性又与柱子之间的间距、粗细等有关，这两种方式在建筑中较为常见。

（a）温室鸟瞰

（b）场地鸟瞰

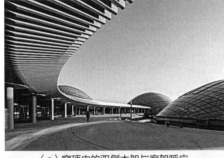

（c）穹顶内的双侧木架与廊架呼应

（d）环湖步道

（e）大露台

（f）步道、坡道、观景平台

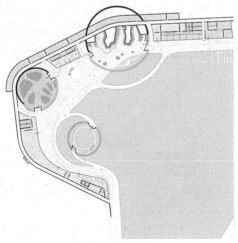

（g）温室平面图

图2-2-23　山西穹顶植物园
（图片来源：网络）

（3）相交关系

建筑空间与水体空间重叠从而形成公共空间，其余部分还保持各自的完整性，这是水体与建筑空间构成要素结合的重要形式之一，多见于建筑"灰空间"的处理上，包括水平相交和垂直相交两种形式。水平相交，是指水面与建筑水平构成要素，如楼板、屋面等重叠的手法；垂直相交是水面与墙体、柱子等互相组合，共同构成的。在建筑设计实践中，这两种形式经常共同配合出现。

建筑临水或设置大面积水面都会和建筑主体产生不同的接触面，但这样的接触面不仅是景观效果，还能产生意外效果，由辅助空间转变为活动的主要空间，说明建筑在使用过程中的多种可能性。

哈尔滨大剧院（图2-2-24）位于中国哈尔滨市松北区的文化中心岛内，依水而建，建筑采用了异型双曲面的外型设计，建筑形态自由舒展，是哈尔滨的标志性建筑。建筑包括大剧院（1600座）和小剧场（400座），总建筑面积7.94万平方米，高度56.48米。大剧场还采用了世界首创的将自然光引入剧场的方式，丰富了非演出时段的照明方式，创造了节能环保新模式。在建筑群中，结合空间布局，设置了特有的人行观光环廊和观景平台，游人可俯瞰沿坡道环绕而上，领略周边湿地自然风光。

（a）鸟瞰图

（b）广场空间

（c）外观造型

（d）建筑入口

图2-2-24　哈尔滨大剧院
（图片来源：a：网络；其余作者自摄）

（e）流线墙体

（f）内部形态

（g）游览坡道

（h）景观步道

（i）周边圆形水池

（j）水景变戏水池，儿童的最爱，建筑公共性在此体现

图2-2-24 哈尔滨大剧院（续）
（图片来源：a：网络；其余作者自摄）

　　建筑布局结合基地，设置广场和圆形水池，大面积水面与松花江相呼应，突出了文化建筑的滨水特点。水池不仅是现代建筑常用的手法，在夏季宽阔的水面和安全的浅水，成为儿童戏水的场所，体现了建筑的公共性和人文关怀，成为市民和游客流连忘返的空间所在。

　　天津大学冯骥才艺术研究院（图2-2-25）是一个独特的现代合院，独立的院落通过四周框架墙的限定，在校园环境中既独立又融合。建筑主体的首层架空，水面从下方穿过，既沟通了南北庭院，又丰富了建筑形式的层次，建筑体块的扭转配合水面的穿插，形成了外拙内透的空间形式。

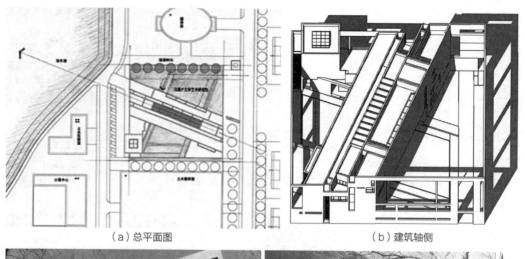

| (a) 总平面图 | (b) 建筑轴侧 |

(c) 东侧主入口及外框架

(d) 内庭院

(e) 二层斜插主体与水面

(f) 光与影、实与虚

图2-2-25 天津大学冯骥才文学院

（图片来源：华汇设计及作者自摄）

  巴拉干在圣·克里斯特博马厩（图2-2-26）的设计中则利用水体与垂直要素的相交关系，在入口处，墙体营造了一个独特的空间氛围。人们仿佛渐渐地被引向了远处的水面。水从一堵铁锈色的墙上溅落下来，注入水池中，马厩的门也被巧妙地隐藏在墙体后面。这堵墙后面，一堵更高的粉红色墙，提高了整体空间尺度并体现了空间的真正功能——围合了后面的马厩。

（a）情人泉

（b）实景透视

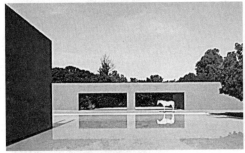
（c）水面与粉色片墙

（d）粉色片墙与庭院

（e）透视

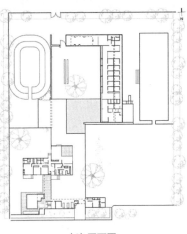
（f）平面图

图2-2-26　路易斯巴拉干克里斯特博马厩和别墅
（图片来源：网络）

这面高墙和另外一面紫红色的矮墙组合在一起，环拥了整个庭院。马儿在这样一个优美的舞台上悠闲地散步。[①]

3．水要素的形态特点

水，无色无味，利用水体自身的特点可以表现建筑和其周围的环境，更

①《大师系列》丛书编辑部. 路易斯·巴拉干的作品与思想［M］. 北京：中国电力出版社，2006.

加生动地传达出建筑空间的氛围。静的水能带来一种深层次的宁静，产生强大的空间张力；动态的水，产生的声、形上的变化，能够产生方向性和空间的延续性。

水要素的形态特点与建筑空间的结合　　表2-2-3

水的特点	手法	图例	作用	实例
静、透、反射	衬托		立面塑造；室内外空间的过渡、渗透	
聚散自由形体柔美	对比		空间开合对比；强调视觉重点	
动态、流动性、声音	贯通		对流线、空间的连续性、引导性的强调	

（表格来源：作者自制）

（1）衬托手法

现代建筑中利用平静的水面来营造平和安稳的空间感受，平静水面的延伸感能带给人无尽的想象空间。

如安藤忠雄的水之教堂（图2-2-27），基地在山毛榉树林的一片空地上朝着小河边倾斜下来，在安藤忠雄的所有建筑中明显的元素——自然，通过潜意识开始从这个日本教堂上的水显现出来。朝着西部，教堂被群山和树木包围，度假酒店坐落于东部。教会，与两个重叠的立方体形式，临着一个大池塘，从这里拾级而上，则是一条小型天然河道。

两个较大的立方体用作礼拜堂，并通过一个半圆形螺旋楼梯与更小立方体的入口汇合。为了使教会与它背后的酒店分离，一条长的"L"形墙沿着建筑的南边和东边，平行与池塘边延伸。

安藤通过仪式和三迂回进入的路线，成功地设计了一个神圣的空间，并且"L"形墙壁使得教堂引人瞩目，并与背后的酒店分开，成为一个僻静和受保护的空间。教堂周围的自然环境增加了建筑的体验，尤其是在12月至4

（a）水之教堂外部实景1

（c）水之教堂内部实景

（b）水之教堂外部实景2

图2-2-27　水之教堂
（资料来源：Editorial E C. EL CROQUIS 1983–2000 TADAO ANDO.）

月间的几个月当地被冰雪覆盖的时候。

以水元素作为整个建筑精神元素的核心，将附近的水源引入建筑内部，设置了一个人工水池，水池的大小和深度经过计算，使得水面的波纹恰好体现出在风和气流作用下水面形成的波纹肌理。

当然水体也能营造出意料之外的空间意境，这两种衬托手法主要体现了不同建筑体量、形式所营造出的不同的建筑氛围，一个沉静平和，一个活泼动感，但都体现了建筑、人与水自然和谐地融为一体，更是利用衬托手法进行建筑空间水要素设计的典型特征。

（2）对比手法

将水体引入建筑中本身就是一种对比。建筑的形态、材质、尺度与水体都能形成强烈的对比，建筑空间与柔美的水体相互包容，形成一种协调的对比关系。此外，水要素设计也可采用形态和势态的对比，来增添空间的丰富程度。如聚合的水体形成开阔的水面，使空间环境开放且具有延展性；分散的水体可形成线状或点状的涧溪，使视线集中，具有聚集性。这种开合、聚分的对比是建筑空间水要素设计过程中不可或缺的思考要点。

在贝聿铭先生的伊斯兰艺术博物馆（图2-2-28）中，设计灵感来源于

（a）建筑环境鸟瞰

（b）建筑形态

（c）建筑入口

（d）庭院空间

（e）庭院水系

（f）内部中庭

图2-2-28 伊斯兰艺术博物馆
（图片来源：网络）

埃及开罗的Ahmad Ibn Tulun清真寺中一个13世纪的沙比尔（净身池），贝聿铭先生这样描述这座"朴素和简单"的净身池："我找到了一座来源于阳光的朴素建筑，它的光影变化和色彩触动了我，这座净身池就像是一个立体派的画作，唤起了伊斯兰建筑设计抽象元素的灵魂。"

贝聿铭先生的这个要求就是想让建筑将来不会被周围的环境所淹没，这就是设计师对设计的完美追求——让它永久地屹立在那里。整个博物馆交错相切的几何立方体在阳光与灯光的映照下产生了万千种变化，光与影成为空间的主角，使人感受到扑面而来的不仅是伊本·图伦清真寺那种古朴、庄

（a）远景 　　　　　　　　　　　　　（b）入口

（c）实景透视

（d）不锈钢板对阳光的反射效果

（e）建筑外围廊道与水面

（f）总平面图

图2-2-29　韩国"Mon Amour"文化空间
（图片来源：网络）

严，而是富有现代气息的简洁、明快的韵律。

　　位于韩国牙山市的"Mon Amour"文化空间（图2-2-29），利用建筑立面材质与水面的对比、建筑体量与分散的水体对比等多种对比手法创造了趣味横生的社区文化活动场所。该项目的场地是一个用于种植并培育松树幼苗的农场。场地周围大多是耕地，平缓的山坡上坐落着几栋汽车旅馆。站在场地中，唯一能看到的景观就是山脊。根据这些基地信息，建筑师提出，建筑形制模仿牙山市传统住宅，其中富有地方特色的水景与花岗岩制成的石墙也起到对水面的对比、限定作用。

通过建筑外立面材质对阳光的反射，入口处广阔的水域与简洁的建筑形态的对比，通过有序的建筑线条与自由的水面线条的对比，使得建筑与自然能在场地内和谐共存。

主体建筑由四个区块组成，在区块中设置了水墙和坡道来解决高差，行走在逐渐上升的坡道上，伴随着尺度变化的水墙，能慢慢发现一些隐藏起的小空间，体验感和趣味性是场地内最鲜明的空间特点。分散的水体与建筑的结合方式也具有多样性，每个建筑体块外都有一个廊道空间，弱化了建筑与自然的界限也使视线能更自由地延伸。

建筑材质的选择上也是这个案例的特点之一，选择不锈钢板作为建筑外立面的材料，这是因为不锈钢板的反射特质，可以将天空、水和周围的景观反射到建筑物上，从而稀释了建筑所带来的几何感。此外，不锈钢板难以非常平整，这导致了建筑外观看起来并不完整且有些许凸起，这个决定是为了让该建筑与水的形状变得协调，这也同时展露了建筑中不完美的艺术感。

（3）贯通手法

水往低处流，水的流动性可充当连接建筑室内外空间的媒介。在视觉上，当一片水面甚至一股水流跨越两个或两个以上空间时，水即起到了联系空间的作用。在古代伊斯兰建筑和庭院中，常用较细的小水系联系室内外空间。例如阿尔罕布拉宫狮园的水渠，就像一条纽带，把建筑内外两个空间连接起来，形成了空间的连贯性和整体性。

这种手法在现代建筑空间水要素设计中较为广泛。利用水的流动性产生空间的流动，并将外延扩大，获得视觉上的贯通，从而达到扩大和丰富空间层次感的目的。

光是可视的声音，水是流动的光。在建筑空间中，声音也是形成空间印象的重要因素。借助声音能产生听觉刺激，引发人们的想象，所以，水声成为水要素设计中激发诗意的媒介。动态的水除了在形态上能够吸引观者的视线之外，水体在流动过程中因撞击其边界物体产生的声响也是对观者感官刺激的有效途径。恰当地运用水声可以产生使人愉悦的空间吸引力。

在现代建筑的空间中常利用这样的表现手法，表现自然状态下水的形态特征。如在建筑的中庭空间，利用水在平静状态下呈现出的宁静、清澈，并利用光线的折射反映建筑倒影等视觉效果，加大内部空间的尺度感，同时又为空间之间的转变形成一个自然的过渡空间。因此对于静水，视觉的景观价值在于观看水与周边动植物的结合，从而形成不同层次的界面和倒影效果。

安藤忠雄设计的日本京都府立陶板名画院（图2-2-30）于1994年竣工，

（a）流动的水引导参观流线1　　　　　　（b）流动的水引导参观流线2

（c）跌水1　　　　　　　　　　　　　（d）跌水2

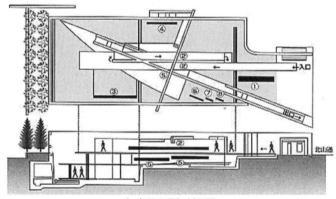

（e）平面图与剖面图

图2-2-30　日本京都府立陶板名画院
（图片来源：网络）

是世界上第一座回廊式的画院建筑。此建筑是为了展出当年花与绿博会所留下来的陶板画，这些画作运用京都成熟的陶板工艺，将世界各国的名画如达·芬奇最后的晚餐、莫奈的睡莲、中国的清明上河图等烧成一片片仿如真迹的陶板。安藤以水景和层次清晰的空间序列，动线交织来形成穿越与名画对话的意境，将陶板画或立于水面，或躺在水中，或嵌于墙上，甚或利用框景将周遭的绿意引入庭中，塑造出令人感动的艺术环境氛围。

　　由于画廊与京都北山植物园相邻，为了使从植物园眺望东山的视线不被遮挡，整座画廊是被嵌入地下，这与传统庭园的设计根本上有所不同。传统的庭院平面构成多，而安藤忠雄强调的是动线的重叠，错综立体的视线很深地深入到地下的效果。庭院内，连桥、平台、坡道还有清水混凝土墙面，交叠组合，通过流水的声音前进，越往下走，跌水的落差越大，使人完全置身于一个自然状态下的环境中。水幕在清水混凝土表面产生了独特的质感和声响。动与静，虚与实，体现了水的运用不仅仅是一种造景方式，而是一种同建筑结合并一同塑造建筑空间的重要元素。

2.2.3　建筑与植物

植物是自然中最具有生命力的元素，也是建筑的自然要素之一。利用植物可将室内外空间相互糅合模糊，形成空间边界的背景，是有效改善建筑周围环境的手法之一。同时，在建筑空间中使用绿色植物既能够呼应周围的自然景观，并营造出良好的建筑室内环境，弱化空间带来的生硬与沉闷，满足人们在有限用地内亲近大自然的内心向往，以达到形态和生态共生、形体和空间共融的效果。

在此我们以建筑和植物的关系为切入点，由植物包裹建筑和建筑包裹植物两个方面做理解自然在建筑中的设计体现。

1．植物包裹建筑

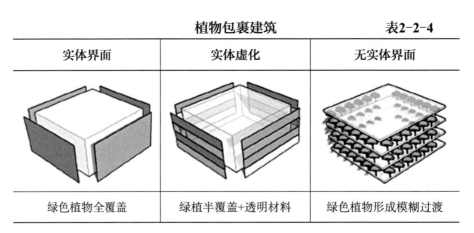

植物包裹建筑		表2-2-4
实体界面	实体虚化	无实体界面
绿色植物全覆盖	绿植半覆盖+透明材料	绿色植物形成模糊过渡

建筑是人工的产物，如何回归自然环境？最简单的方法就是建造好混凝土房子，然后在周围种上树。但这样会有将建筑与自然彻底分开的危险，自然就成为和人们生活分离的场所。反之，如果能在设计中着眼于建筑与自然的界限，重新定义这条界限，自然会展现出更加生动的面貌，装点着建筑空间。

仔细观察日式的庭院，能看出其设计就是对这条界限可能性的不断探索。在桂离宫中的"桂桓"设计中，将那些正在生长的竹子折弯编织起来，做成不断生长的篱笆，形成一种不断变化的"生长"的界限。可以说，日本庭院是针对自然与人为产物的哲学思考的体现，通过一种不断变化的方式将自然哲学化。

在让·努维尔的盖·布朗利博物馆中，整个建筑都被绿植覆盖掩藏，连重要的建筑入口空间都填充了各种本土植物，参观者需要穿过一个植物围合的院子才能进入展览空间。这样的设计使得建筑好像生长在自然环境之中，自身沉重的体量感消融在自然景观构成的空间里。绿色植物覆盖的建筑表皮不仅缓解了建筑和城市街道的直接碰撞，还与邻近的钢混建筑形成了视觉上的补偿，增添了建筑所在街道的宜人感。

除了植物整体覆盖柔化建筑表皮外，还有可以让植物与建筑材料结合，形成丰富的肌理感和轻盈、生动的效果。将植物和高透、反射材料结合使用的方式也是方法之一。如上海Z58，能够将周围的建筑影像与绿色植物交叠在建筑与环境的临界面上，构成二者对话的渗透元素。

当然，还可以直接将建筑面的范围彻底模糊，用绿色景观循序渐进地实现室内外空间的过渡。在马岩松的罗马中心71 Via Boncompagni项目中，建筑师只保留了体量上的延续，跳脱出复制历史建筑立面的手法，大胆打碎原有界面，在建筑原外立面上直接留白，只留下一个个没有边界的空间。这样的做法既减轻了本身的笨重感，也让新建筑消失在一片绿色之中（图2-2-31）。

新加坡的勿洛心动大厦（图2-2-32），是一座多人居住的七层多功能建筑，整个建筑在形态上展现出了丰富的绿色特点。设计师为了尊重其茂密景观和成熟树木的公园，在设计开发过程中始终贯穿"植物"主题，保留了原有社区公园的特征。植物不仅可以用作附近住宅单元的隐私和隔音屏，郁郁葱葱的植物氛围也象征城市发展的勃勃生机。整个建筑清晰地展现出热带建筑风格，植物包围着建筑，包了建筑的整个空间，弱化了混凝土建筑对城市街道的影响。

位于深圳市福田区车公庙金谷小区的泰然大厦（图2-2-33）也是植物作为建筑"表皮"的实例。不同的是，在这个工业建筑中，植物更像是一个"装饰品"，点缀着建筑的空中花园。建筑形体寓意"泰山"，西南角形体最高，依次向东、北方向逐层降低。裙房和塔楼浑然一体，使得建筑形成更为连续舒展的界面。独特的体量和连续舒展的界面都使得泰然大厦成为金谷小区中最闪亮的一颗明珠。大厦围绕内庭院界面，在不同标高上设置了大量休憩与交流共享的空间，并通过架空通道、扶梯、平台、连廊等相互连接，形

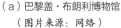

（a）巴黎盖·布朗利博物馆

（图片来源：网络）

（b）上海Z58隈研吾

（图片来源：作者自摄）

植物等于第二层叠加的建筑表皮，并且会随着季节、时间的变化而变化，从而建筑也会随之展现不同的姿态。更重要的是，材料之间的对比更是对建筑个性化的有力展现。

（c）马岩松罗马中心街区公园改建

（图片来源：网络）

罗马中心街区公寓改建，把墙面打开，用一种更直接的方式营造出一个虚无的界面，外界环境就自然地流进建筑之内。玻璃的出现，使建筑的水平向更加清晰，如同书架，"层"非常鲜明，因此就出现了大量的阳台等可以接触到自然的空间。

图2-2-31 植物包裹建筑

（a）建筑局部1

（b）建筑局部2

图2-2-32 新加坡勿洛心动大厦

（图片来源：网络）

图2-2-33　深圳泰然大厦
（图片来源：《中国当代建筑实录》，辽宁科学技术出版社）

成了立体式的公共空间。同时设有屋顶花园、空中花园等共享空间，极大提高了空间的品质。

位于德国杜塞尔多夫市中心的Kö-BogenII商业综合体（图2-2-34）成为欧洲最大的绿色立面建筑。

让建筑拥有更多的绿色，也为城市应对气候变化，完成城市更新提供了前瞻性的解决思路。"绿色立面"是从大地艺术中汲取的灵感，植物会随着时间的演变而成长，所以立面是动态的，动态的立面能使建筑在城市和公园中发生转变，这种不确定增加了建筑周边区域的活力。

为了保证植物的生长，在树种选择上针对气候特点，选用了当地的冬季无叶硬木角树作为篱笆。春天的时候，绿油油的树篱上闪着嫩绿的枝叶，到了夏天，枝叶变得更加浓绿葱郁，而秋天，树叶又变成一片金黄。这种绿色植物有助于改善城市微气候——夏季帮助抵御太阳射线，减少城市热量，吸收二氧化碳、噪音，储存水分，增加生物多样性。这些角树篱笆的生态效益相当于大约80棵成熟的落叶树。

2．建筑包裹植物

建筑包裹绿植的手法多用在有中庭或是内院的建筑空间中。空间景观化一方面能够带来健康舒适的绿色环境，另一方面也能够展现出地域性的空间质感。

上海世博会法国馆就是一个建筑包裹绿植的典型案例（图2-2-35）。建筑形态简洁流畅，外部由白色网格包裹。内部庭院的绿化被构件固定在线性轮廓的不锈钢钢构架中，从屋顶顺着侧墙蔓延，形成规整统一又富有节奏韵律变化的绿化效果，让参观者仿佛置身于茂密的树林中。这种表现方式正映

（a）建筑鸟瞰

（b）绿色立面

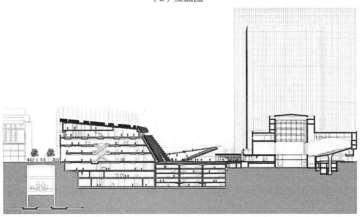
（c）立面图

（d）剖面图

（e）总平面图　　　（f）平面图

图2-2-34　Kö-BogenⅡ商业综合体
（图片来源：网络）

屋面延伸	实体虚化	灰空间庭院
绿色植物全覆盖	绿植半覆盖+透明材料	绿色植物形成模糊过渡

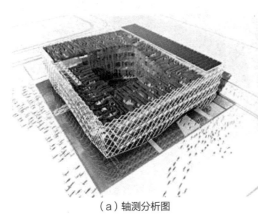
（a）轴测分析图

（b）实景照片

图2-2-35　上海世博会法国馆
（图片来源：Building package green与作者自摄）

衬了展馆乌托邦式的感性主题，建筑整体感觉轻盈而又充满生机。

无论是植物包裹建筑还是建筑包裹植物，都使植物的垂直方向与建筑形体共生。在建筑创作的过程中，细致地分析场地中的每一个细节，能够帮助设计者更好地把握设计初衷，尊重原始场地，形成肌理感、趣味性很强的建筑立面形态，用建筑的手法去完善场地环境，这些也都符合安藤忠雄"材料、几何性、自然"的建筑三要素原则。

将植物水平向分层镶嵌在建筑之中，既可以使立面秩序性、规则性增强，同时植物的出现在肌理、色彩上都是对立面形式的丰富。

上海"恒基·旭辉天地"（图2-2-36）是法国建筑师让·努维尔的作品，这是一条有1000个红罐子的街道，也是当年法租界所在地。对于建筑师来说最大难题就是营造出一个与上海特有城市文化相适宜的建筑空间。同时，基地位置是马当路和淡水路之间，道路狭窄。如何能激活周边城市环境，重构一个适应新的城市生活的街道结构也是设计时需要解决的问题。

(a) 建筑鸟瞰图   (b) 商业街入口

(c) 红罐子   (d) 光影效果

图2-2-36　上海"恒基·旭辉"商业街
（图片来源：网络）

　　街道原有的梧桐树体量高大，自然形成了存在感很强的植物围合体系，建筑师在建筑中加入花卉植物，商业街掩映在两面花墙之中，列成花墙的陶罐里栽种了不同种类的植物，绿意盎然，花团锦簇。

　　相互面对的商店，办公室里的活动，屋顶上下的餐馆，创造了熟悉而有自然生机的街道，以愉悦步行为目标，在马当路和淡水路之间形成一段具有吸引力的旅程。用遮阳百叶调整光源角度形成多变的光影效果，在巨大花盆围绕的窗前上演了存在和活动的神秘性，同时创造了一个不同花卉和季节色彩的植物艺术博览景观。

3

基于自然要素的
设计理念与方法

3.1 设计原则

基于自然要素的设计理念，是建筑师在创作构思过程中所确立的主导思想，并从自然要素出发赋予建筑设计以内涵和特色。设计原则是建筑师的设计准则，是某种价值观的体现，结合自然要素，主要有三个方面：自然之形、自然之景与自然之境。

3.1.1 自然之形

自然之形主要指对建筑基地环境的响应和调和，是建筑师从场地的自然条件、场所文脉、技术和建造工艺等方面解决新建筑和环境之间的协调，也可以从空间体验、文脉传承中，抽象地呈现出建筑的新技术和新空间。

因此，建筑只有与所处的基地环境形成良好契合，强调建筑与自然的融合时，才能达到和谐的自然之形的效果，从而发挥出建筑应有的效应。伊恩·伦诺克斯·麦克哈格在《设计结合自然》一书中，首次提出了运用生态主义的思想与手段进行建筑设计的观点。欧美等国家在20世纪70年代开始，对污水处理、太阳能、风能、屋顶绿化的应用等技术进行实践和研究，日本由于自身地域限制导致其更注重对环境资源的保护，保护好自然环境成为自然要素与建筑设计相互关系，即符合自然之形的前提。

在现代建筑创作中，处理好建筑与自然之形的关系，共同形成良好的生态群体，这样才能形成可持续发展的现代建筑空间。

在当代建筑实践中有许多成功的案例，很好地解决了建筑设计中自然之形的问题，产生了新的空间和形态，在设计构思和手法方面具有启发性。

1．顺应自然

有许多建筑选址特殊，属于独特的自然环境中，如贝聿铭的美国国家大气研究中心（图3-1-1）设计，该建筑位于科罗拉多州落基山脉之中，在这样的环境中做设计，建筑师面临挑战，因为常规设计的建筑放在群山之间如此渺小或格格不入。为了获得灵感，贝聿铭走出事务所，在山野之中日夜宿营，体验崇山峻岭和灿烂星河。他甚至深入岩穴生活的印第安人遗址，发现以山岩砌筑的塔形构筑物丝毫没有在群山面前的渺小感。有感而作，化整为零，就地取材，在现代混凝土材料中加入当地红色的山岩石为骨料，解决了

（a）山地环境

（b）造型细部1

（c）造型细部2

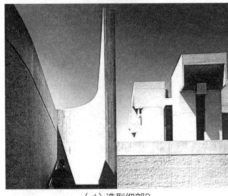

（d）造型细部3

（e）鸟瞰图

图3-1-1　美国国家大气研究中心
（图片来源：建筑艺术沙龙）

建筑之形的问题。建筑整体的色彩、质感与辽阔的大山背景浑然一体，实现了赖特对建筑的最高赞誉——"我们从不建造一座位于山上的建筑，而是属于那座山的"。

崔愷的安阳殷墟博物馆设计（图3-1-2）采用下沉式处理，以符合殷墟遗址文物保护对环境的控制要求，平面为甲骨文"巳"字形式的流线，先下后上，成为文化遗址新建建筑的成功之作。

图3-1-2　安阳殷墟博物馆
（图片来源：王晓丰　摄）

（a）内部空间

（b）入口外观

图3-1-3　大唐西市博物馆
（图片来源：作者自摄）

2. 场所文脉

自然环境中因人类的活动而发生改变，体现在建成环境中，对场地产生了影响，主要是文化方面，有些需要延续。

刘克成的大唐西市博物馆建筑设计（图3-1-3），在保护好基地隋唐西市道路、石桥、沟渠和建筑等遗址的基础上，通过整体布局，采用尺寸为12

米×12米的展览单元，在空间上承载了隋唐长安城里坊布局、棋盘路网的特点，使参观者感受到隋唐西市十字街遗址以及十字街原有道路格局、尺度、规模及氛围，还原了唐西市历史街道的真实尺度与空间感受。在外墙材料、肌理、质感等细节处理，延续了隋唐长安城市文脉。

3．传统工艺

传统营建工艺，就是所谓的乡土工艺、低技术，其中蕴含着极高的民间智慧和施工方法，尤其在建筑选址和处理基地关系方面，值得借鉴。

豫西陕州地坑院生土民居（图3-1-4）的营建方式，就体现了传统技艺与黄土地区自然环境的结合，是一种因地制宜的方法。

伦左·皮亚诺设计的吉巴欧文化艺术中心（图3-1-5）位于新喀里多尼

（a）三门峡刘寺村总体布局

（b）传统地坑院

（c）改造后的地坑院

图3-1-4　生土建筑——地坑院

（图片来源：作者自摄）

| （d）地坑院生活场景 | （e）地坑院院落绿化 |

图3-1-4　生土建筑——地坑院（续）

（图片来源：作者自摄）

（a）建筑外观

（b）空间组合

（c）维护结构细部

图3-1-5　吉巴欧文化艺术中心外观

（资料来源：姜玉艳，周官武. 吉巴欧文化中心——传统与生态的现代诗意建构［J］. 创意设计源，2012（01）：48-52.）

亚小岛，这里气候炎热、湿润，温差较小，常年盛行东南风。设计布局将高大的体量面对大海，将低矮的体量朝向环礁湖，这样既有利于抵制海面上来的飓风，控制主导的信风，又有利于利用风压引导室内空气的对流。

　　整体建筑主要由10个名为"容器"的单元组成，每个单元体都有一套简洁有效的通风系统，由双层表皮系统的"外墙"、斜屋顶，及"内墙"组成。根据自然风压通风和热压通风的原理，单元体的形状、尺度、开口位置，以及方向、构造来引导适量的自然风进入，并对其有组织疏导设计，从而形成舒适的室内热环境。

（a）人—建筑—环境

（c）室内大厅空间

（b）大平台坡道入口

图3-1-6　奥斯陆歌剧院
（图片来源：a：网络；其余作者自摄）

4．空间体验

体验是使用者的感受，建筑设计中要从使用者出发，考虑到基地环境的自然要素，给使用者新的体验和惊喜。挪威奥斯陆歌剧院（图3-1-6）正是采用了开放式布局，大的斜坡广场使建筑与宽阔的峡湾水面形成自然的衔接，人们沿斜坡缓缓上行，或驻足休憩，与环境对话。真正优秀的建筑如此自然地融入城市环境之中，成为城市新地标。

3.1.2　自然之景

自然之景就是在建筑设计中把自然要素变成建筑中的景观和风景，把不利因素变为有利因素，在设计中体现出设计者的妙思和创意。这也体现了中国传统的自然观——顺应自然的原则，是中国文化的整体性、综合性的呈现。在设计理念上表现出天人合一的境界，完美地表达了人与自然的和谐关系。正如张永和先生所说："建筑与树木、水、石等自然元素共同构成生活的环境，使景观和建筑之间有一种模糊的界限，使居住其中者感觉到整个大自然就是一个完整的大家园。"

在设计实践中，如何达到自然之景?主要有两点：一是模拟自然，合理利用自然的形态，使建筑具有象征意义；二是自然符号，对自然要素进行抽象，作为一种符号化的图像，有装饰和主体意义。二者的有机结合是对建筑环境可持续性发展的有效途径。背离了这两点，其设计将不被自然接受，更不能融入自然环境中。

在建筑设计中如何形成自然之景呢？有许多案例可参考。

1．模拟自然

人们熟知的悉尼歌剧院（图3-1-7），就是环境取胜的案例。建筑形态采用贝壳组合，白色的建筑群在碧海蓝天的映衬下，成为悉尼的标志性景观。

| （a）建筑整体环境 | （b）建筑屋顶组合 |

（c）建筑结构施工　　　（d）建筑外墙施工　　　（e）建筑内部空间

图3-1-7　悉尼歌剧院

（图片来源：《AV 205（2018）》）

(a) 体育场外观　　　　　　　　　　　　　　　(b) 外檐柱细节

图3-1-8　深圳宝安区体育中心
（图片来源：黄华 摄）

2. 自然符号

深圳宝安区体育中心（图3-1-8）外围立柱采用仿竹子造型，清新而具有象征意义，成为自然的语言和符号。

3.1.3　自然之境

自然有两个含义：自然界和自然而然。文化上的自然加上人的思想和创作活动，达到境界的提升。自然之境的原则是把自然、建筑与人的活动三者构成的系统进一步提升，形成具有文化内涵的新的空间境界，是设计内涵和创造力的体现。建筑设计中需要对自然环境，如土壤、植被、水文、气候、风力等要素进行调研、衡量，科学、合理地利用自然要素，尊重每一个自然要素的特征，从而使自然要素最大限度地被保留、利用，确保建筑环境整体的可持续发展，让建筑充满魅力。有两个方面：

1. 文化之境

在设计之初结合设计者的思路、手法进行创作，贝聿铭、安藤忠雄等经典实例，都体现了对自然环境的科学利用，从而使得建筑空间在自然要素的作用下越发富有吸引力。

建筑大师贝聿铭1996~1997年设计了日本滋贺县甲贺市美秀美术馆（Miho Museum）（图3-1-9），美术馆的入口只有一条路，需要经过一条隧道和一座吊桥，步道的安排通过精心设计，入口通道拉长，让博物馆时隐时现，有种"犹抱琵琶半遮面"的效果。该设计强调了整个时间序列上的体

（a）整体建筑环境

（b）局部效果图1

（c）局部效果图2

（d）进山隧洞

（e）建筑入口

（f）连接索桥

图3-1-9　美秀美术馆（Miho Museum）

（图片来源：网络）

（h）门厅空间

（g）建筑内空间

（i）屋架结构

图3-1-9　美秀美术馆（Miho Museum）（续）
（图片来源：网络）

验，也呼应了日本文化中关注的"间"的空间的历时性体验，使人联想起中国古典文学《桃花源》的故事。贝聿铭认为："最后成型的建筑结构既是源于天然地形的影响，也是地方政府区域规划制度的结果。按规定，总面积17000平方米中只有2000平方米能够露出地面。也就是说，美术馆85%都在地下……。""当然，这块地在山上，我不想把建筑做得过低，于是采用了和很多日本寺庙一样的台阶设计，突出重要的部分。我对于这块地的灵性和历史根基深信不疑。你不能随随便便在这里建栋房子，指望它自己生根。""我想探求诸如桂离宫这样的传统日本建筑结构背后的根源。我知道它们是木制的，从结构上讲有很多限制；它们深受气候的影响，这也是使用坡屋顶的原因，然而我觉得最重要的还是景观。"

从香山饭店开始，贝聿铭就开始探索一种现代的亚洲建筑语言，在做美秀美术馆的时候，他将这种探索继续了下去。贝聿铭提到过想要表达一种文化的精髓，更重要的是以一种现代的几何图形方式表达它。"在这山这景中，用平顶当然是不合宜的。"贝聿铭解释说，"尤其要考虑到，从各个角度都应该能看到房顶。我想在不模仿木质建筑的前提下，找到一种可以创造有趣剪影的造型。"虽然美秀美术馆里，从接待馆到入口，要经过蜿蜒曲折的路线，穿过隧道，跨过吊桥，这与块地的特殊地形有关。但身临其境就会发现，日本式的庙宇也有类似的处理，通往内殿的路一定是曲曲折折的，要么拾级而上，要么是不断改变方向。这并不是巧合，而是刻意地对艺术、建筑和自然之美的整合。美秀美术馆正是以最佳方式将自然、艺术和建筑结合在一起，达到自然之境。

2．自然之思

经过设计和合理运用，普通的自然要素能成为一种思想或情感的表达（图3-1-10）。

9·11国家纪念陵园是美国纪念9·11事件最主要的官方机构，旨在探寻这一重大历史事件的涵义、搜集并记录这些事件所带来的冲击和影响，让世人铭记并持续地思考9·11事件的意义。

迈克尔·阿拉德竞标的设计方案主题是"倒影缺失"（Reflecting

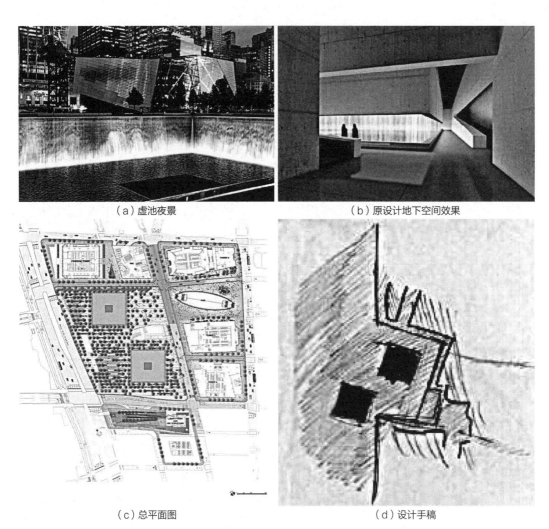

（a）虚池夜景　　　　　　　　　　（b）原设计地下空间效果

（c）总平面图　　　　　　　　　　（d）设计手稿

图3-1-10　美国9·11国家纪念园

（图片来源：徐宗武，李华东，美国9·11国家纪念园［J］. 建筑学报. 2012（2）：100-107.）

Absence）。设计方案最大程度地保留"9·11事件"遗址，将原世贸双塔所在的地基部分设计成了两个下沉的巨型方形瀑布水池，最大程度地利用了遗址空间来展现"缺失"的意涵，广场两个方形水池和一座下沉式的博物馆，两个巨大的边长约200英尺、面积约1英亩的水池——虚池（Voids）。池深约30英尺，周边由瀑布环绕，瀑布倾泻而下，声如雷鸣，注入池中，在水池的中心部分是个正方形看似无底的深渊，象征着那永远弥补不了的损失。水池外围刻着在纽约市、宾夕法尼亚州、五角大楼以及1993年世贸爆炸袭击中所有丧生的遇难者名字。

3.2 建筑流派

现代建筑在自身发展过程中，形成了不同的创作趋向和流派，这些被人们所熟知的流派，其设计思想和手法亦包含着对自然要素的追求和体现，对当代建筑设计具有参考意义。

3.2.1 有机建筑

建筑大师赖特曾在他的著作中强调建筑与环境的整体性，他认为建筑是"自然艺术的整体"，应按照环境和人的变化来生长、延续。"自然为建筑设计提供了宝贵的素材，我们所知的建造形式正源于此……当自然在这种程度上被理解时，所谓的"独创性"也就顺理成章，因为你已经站在了一切形式的源头。"而"自然"的观念和整体性是有机建筑形式的两条基本原则。接近自然、模拟自然、使用自然材料、适应自然气候这四点就是赖特对建筑形式中"自然"的完整体现。

赖特认为"美源于自然，因此特别强调建筑设计应该尊重自然环境，每一座建筑都应该是这片土地上独特的产物。建筑应与周围环境一样，与在土地上生长起来的建筑保持一定的协调性。"还特别注重保持材料最原始的形态，在建筑设计中体现了木材、石料等天然材料的原始面目，并将其展现在建筑中，给建筑带来一些自然的美感。他善于运用材料及其他饰物，与周围环境建立和谐的内在关系，如有机建筑的经典案例流水别墅和西塔里埃森，最能体现赖特有机建筑和自然环境之间的和谐协调。

古根海姆博物馆（图3-2-1）虽处在纽约大都市环境中，但采用了自由的形态和自然采光的方式来营造整体气氛，自然采光与展厅的中庭相结合，使空间氛围相比更加柔和、人性化。

（a）建筑全景

（b）内部中庭

（c）螺旋参观步道

图3-2-1 古根海姆博物馆
（图片来源：作者自摄）

　　阿尔瓦·阿尔托一生都在倡导"为人而设计"，主张设计应切实从用户体验而非设计者的主观印象出发，他是人情化建筑的倡导者，细致地考虑建筑如何满足使用者的每一点要求。他的设计不同于大工业时代下的机器产物，而是将现代主义的理性与纳维亚地区的浪漫融为一体，给人以温和亲切之感，形成了风格独到的现代主义设计风格。并且希望建筑能够与自然产生对话并融合，顺应人性和外在的自然环境，尊重材料原有的质感，用自己的强大意志与大自然产生直观性的回应。

　　阿尔托所设计的珊纳特赛罗城镇中心（Saynatsalo Town Hall），基地是一片树林中的空地，景色宜人（图3-2-2）。建筑采用围合式布局，把建筑的大体量化整为零，各个空间顺应地势自由地形成二层开敞庭院，有着中国江南园林般曲径通幽、步移景换的空间效果，不仅使建筑尺度宜人，并且以有机的手法组织了各功能之间的关系。建筑的平面灵活、生动，西面入口的折线大阶梯覆盖着草皮，将人流引导至二层露天庭院中，也使内部的庭院与周围的森林产生对话。在这个设计中同样使用了大量芬兰本土的自然材料和

（a）建筑外部环境

（b）建筑外观

（c）二层室外花园

（d）外部大台阶

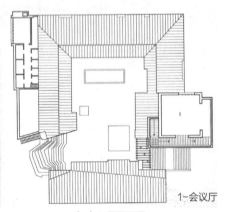

1—会议厅

（e）三层平面图

图3-2-2　珊纳特赛罗城镇中心
（图片来源：作者自摄）

细部设计，如外部砌筑的红砖，木材的大量使用，建筑的一些柔和曲线、藤条缠绕、金属构件等。基地的至高点是会议中心，高窗采光使得室内光影丰富活泼，家具的设计也沿用当地工艺做了一圈贴墙长凳，营造出芬兰传统的文化氛围。

当代兴起的"绿色建筑"所研究的内容似乎更倾向于用新技术、新材料的手段达到人与自然和谐共生的目的，但也有许多先锋建筑师们开始从建筑所营造的精神领域探索有机建筑理论的当代价值。在这个意义上，有机建筑不只是一种风格流派，它更是建筑设计哲学思考的一个方向，所有的技术进步都可以为这个方向提供更多可能性。

银河SOHO由扎哈·哈迪德建筑师事务所设计（图3-2-3），其设计灵感

（a）总平面图示意 　　　　　　　　　　　（b）主入口

（c）连廊 　　　　　　　　　　　　　（d）内部采光中庭

（e）内部庭院1 　　　　　　　　　　　（f）内部庭院2

图3-2-3　北京银河SOHO
（图片来源：黄华 摄）

来自中国传统梯田景观。参数化设计本身是通过数字化的方法把自然形态进行提炼，并与现代生活方式相结合。空间通过连廊，形成梦幻般的山间梯田的有机形态。中庭成为每栋建筑的采光口和交流空间，有电梯和楼梯分布周围，办公建筑在拥有自然采光的同时，可俯瞰城市景观，设计的一个主题是借鉴中国院落的思想，创造一个内在世界。流线型的设计和环保的功能性已使其成为京城的又一地标性建筑。这座融动的优美建筑群不但营造了流动和有机的内部空间，同时也在与此毗邻的东二环路上形成了引人注目的地标性建筑景观。

3.2.2　新陈代谢派

新陈代谢派，本质上是战后日本精神危机的一个表现。一方面，传统价值几近摧毁；另一方面，新的价值——主要是西方价值——难以消化。此后，仿生建筑的出现，本质上是这种价值冲突的体现。建筑设计者，一方面采用西方的建筑技术，另一方面又试图将日本传统价值，即所谓的"自然"融入其中。因此，试图认识日本的新陈代谢建筑就必须先理解这一价值矛盾。

相比于柯布西耶第一代现代主义大师所强调的机器意象，新陈代谢派所带来的是一个生物意象，他们把城市和建筑视作可以进行新陈代谢作用的机体。他们主张应该在城市和建筑中引进成长、变化、代谢、过程、流动性等时间因素，明确各个要素的周期，在周期长的因素上，装置可动的、周期短的因素，强调持续地一步一步地对已过时的部分加以改造，形成一种周期性的循环。

黑川纪章在《共生的思想》一书中探讨"共生"的条件：即"中间领域""道的复权""圣域论"。其中"中间领域"，不同于西方建筑理论的二元对立的概念，强调是创造出相互对立、极端化、两极之间的连接关系，且这种关系之间存在一定的流动性，多种要素相互之间在保持流动动态关系下使得非连续性的连续成为可能。也就是说在建筑的内外之间的界限可以更加模糊，更加自然。作为环境的表现形式，自然就体现出对边界表现的丰富性。当建筑线条和自然元素边界等多种线条结合出现，协调统一这些线条就显得十分必要。在颜色方面更是如此，风、光、水等要素都是无色，通过周围环境或者光源会使这些要素呈现出千变万化的色彩，合理利用这样的色彩环境，使得建筑与自然之间和谐统一。

日本传统建筑青莲寺的建筑形态就是以一种"与环境共生"的姿态存在的。廊道除了满足功能上隔绝秋冬的风雨和夏日的暴晒，更是一种开敞的界面形式，最大限度地弱化建筑与环境的边界，使得视线富有层次。

新陈代谢派（图3-2-4）对于形成日本建筑的独特性也有重要贡献，他

（a）丹下健三设计的香川县市政厅

（b）黑川纪章设计的日本山梨文化会馆

（c）黑川纪章设计的银舱体大楼

图3-2-4　新陈代谢派案例图
（图片来源：《Architecture in the 20th Century》）

们的理念除了借鉴生物学等科学技术概念，还加入了日本的传统建筑结构、传统思维方式和美学。尽管新陈代谢派只存在了短短十年，但是它的影响力在今天依然存在。由菊竹清训到伊东丰雄再到妹岛和世，发展出了一支具有强大生命力的建筑师团体。他们真正地把握住了时代特征，做出了回应时代的好作品，并且成为建筑界出口设计的主力军。进入21世纪后，亚洲的多元文化和价值观焕发出强大的魅力。这种文化是由多种哲学和思想融合而成，新陈代谢的思想中恒定与变化的辩证关系只是其中的一种表现。

新陈代谢派的主张只有少量的用在建筑设计中，大多数被隐喻性或象征性地运用在整体城市规划中。如菊竹清训提出的"海上城市""塔状城市""海洋城市"，黑川纪章提出的"空间城市""农村城市"，槙文彦、大高正人的"新宿副都心计划""人工土地计划"等。这些规划都发端于相同的思想：甄别出变化的和不变的，主要结构和次要结构，根据耐用年限更换空间和设备。

3.2.3　新乡土建筑

所谓"新乡土建筑"，是指那些由当代建筑师设计的、灵感主要来源于传统乡土建筑和环境的新建筑，是对传统乡土建筑的新阐释。在创作实践中，新乡土建筑给予乡土建筑现代的功能，从而使其获得新的生命力。著名建筑师庄惟敏也提到，他的设计过程"多半是追求一种始于场所的探究，而归于场所精神的方法"。在现代国际样式的冲击下，新乡土建筑无疑是中国建筑师，尤其是青年建筑师坚持本土建筑文化、保留传统记忆并且用创新性的建造科技创造适宜于时代的新形式建筑的一种有力的方式。

新乡土建筑在材料运用、在对场所精神的阐释方面，由于所处环境不同，建筑的表达方式也有所差异，主要有四个方面：

（1）地方材料的运用，延续文脉与风貌。材料与场所精神的传达与演绎直接相关，因而对建筑材料语言形式的探讨是具有价值的。

（2）继承地方传统建造工艺，保护传统技艺。

（3）提取传统文化符号，表现地方文脉。

（4）重视建筑的在地性，创造地域文化景观。

20世纪70年代末，同济大学教师葛如亮设计的习习山庄（图3-2-5），项目位于浙江建德市石屏乡"灵栖胜景"清风洞入洞口，该建筑不仅具有中国乡土建筑特色，并且与现代建筑思想进行了结合。葛如亮先生曾希望建筑为石头而建，以后能发展成石头为建筑而长。在习习山庄里，有一种石墙采用了"灵栖做法"，"灵栖做法"为习习山庄所独创："横缝水平（但不在一条水平线上），直缝有垂直及倾斜，整片墙面不规则地鼓出若干块石头凸出墙面"。"灵栖做法"的材料采用当地大量生产的凝灰岩，这种岩石有三种颜色（偏蓝、偏黄、偏红），开采时质地非常柔软，随着时间的推移会变得越来越坚硬。建筑师将这种做法亲自砌筑演示给工人看，后来成为该地工人普遍采用的"灵栖砌法"。"灵栖做法"从另一个角度论证了建造工艺对于场所精神营造的意义。这种做法并非拥有悠久历史的传统工艺，它是葛先生运用当地

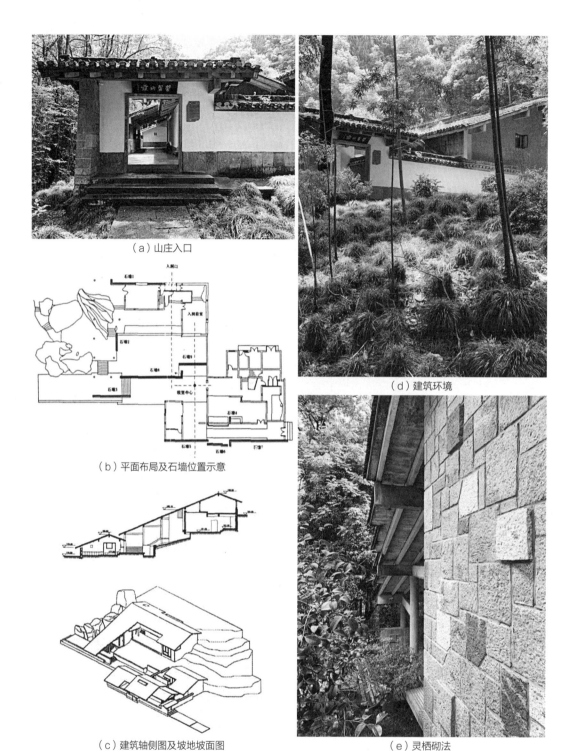

（a）山庄入口

（b）平面布局及石墙位置示意

（c）建筑轴侧图及坡地坡面图

（d）建筑环境

（e）灵栖砌法

图3-2-5　习习山庄

（图片来源：网络）

（f）坡檐外廊　　　　　　　　　　　　（g）院落月亮门

图3-2-5　习习山庄（续）

（图片来源：网络）

材料创造出的符合建筑所在场所特性的一种做法。我们可以感受到通过"灵栖做法"砌筑出的墙体与建筑及场所气质的契合，正是因为这种做法不是凭空创造，而是基于场所创造出来的。"灵栖做法"为当地工匠所认可并流传扎根在当地，融入了当地的建造传统中，成为场所特性的一种象征。

3.3　建筑类型

建筑分类一般为工业建筑和民用建筑，民用建筑又分为居住建筑和公共建筑。有些建筑因与自然要素关系密切，成为人们关注的类型，或产生新的类型。在此，我们对这些建筑进行分析和总结。

3.3.1　生态建筑

20世纪60年代保罗·索拉尼首次将建筑学（Architecture）和生态学（Ecology）两个词合并为生态建筑（Arcology），而景观建筑师伊恩·麦克哈格所著的《设计结合自然》这本书在1969年的出版则标志着这门新兴边缘学科的正式诞生。如今随着世界环境的日益恶化，能源供应的缺口越来越大，生态设计逐渐成为建筑界的主流设计原则。

从理论方面而言，生态是一种生物圈中所有事物共同生存、相互作用、彼此依赖的存在状态。而建筑依托材料、形态、技术等设计手段来表达空间。为了遵循可持续发展的生态理念，建筑的形态应该体现出生态的潜在诉求——维护建筑环境、延续与建筑建造地区的生态系统完整性。

依此，我们可以把生态建筑学定义为：探索自然界生物的生命活动与环境共生关系的生态学延伸于建筑学领域的一个分支。生态建筑是"根据当地自然生态环境，运用生态学、建筑学和其他科学技术建造的建筑；它与周围环境成为有机的整体，实现自然、建筑与人的和谐统一，符合可持续发展的要求。"

所以说，生态建筑不仅是对自然环境的保护，还需考虑到其对使用者的影响，诸如人体健康环境、舒适范围等因素都是生态建筑所应涉及的范畴。因此，生态建筑是建筑、环境与人三者的和谐统一，需要以系统及整体的观念来处理各个问题。

在建筑创作过程中，考虑利用自然要素，是建筑与自然结合的重要方式。通过将光、水、植物等自然要素引入建筑当中，来改善建筑空间的气候环境，使建筑的能耗降低，并通过与光、植物、水等自然物质的融合，更好地营造建筑空间环境，只有真实地将自然要素融入建筑空间中，才能让人们更加近距离地接触自然，满足人们回归自然的美好憧憬。

面对日益严重的环境、气候问题，建筑师们纷纷用自己的方式探讨建筑与自然和谐共处的方式。在设计过程中将自然要素作为一种手段和方法，能够使建筑空间充满魅力，使建筑空间更好地为人类生活服务。

马来西亚建筑师杨经文是生态建筑的倡导者和生态建筑理论的创立者。针对世界能源消耗量日益增多和能源资源有限的状况强调节能，并特别研究了高层建筑的节能问题。

生态建筑也被称作绿色建筑、可持续建筑，其涉及面很广，是多学科、多工种的交叉，它需要整个社会的重视与参与，是人类社会与自然之间关系平衡的基点。生物气候学在高层建筑中的运用便是杨经文对目前高层建筑设计的改革与完善。生物气候学方法并不能完全取代电器设备与系统，但如果在建筑中考虑了生物气候学的方法，建筑就会在使用过程中节约很多能源。具体采用的建筑手法有以下几方面可借鉴：

①在高层建筑表面和中间开敞空间中进行绿化；

②沿高层建筑的外部设置不同的凹入一定深度的过渡空间；

③创造通风条件，加强室内空气对流，降低由于日照引起的升温；

图3-3-1 米那亚大厦
（图片来源：网络）

④在屋顶上设置固定的遮阳隔片；

⑤平面处理上，主张把交通核心设置在建筑物的一侧或两侧。

在米那亚大厦（图3-3-1）这一经典的生态建筑中可以看出杨经文对上述手法的应用。

建筑物在内部和外部采取了双气候的处理手法，使之成为适应热带气候环境的低耗能建筑，展示了作为复杂的气候"过滤器"的写字楼建筑在设计、研究和发展方向上的风采。该建筑融合了许多杨经文十分喜爱的主题，如植物栽培从楼的一侧护坡开始，然后螺旋式上升，种植在楼上向内凹的平台上，创造了一个遮阳且富含氧的环境。受日晒较多的东、西朝向的窗户都装有铝合金遮阳百叶，而南北向采用镀膜的曲面玻璃窗，以获取良好的自然通风和柔和的光线。办公空间被置于楼的正中而不在外围，这样的设计保证良好的自然采光，同时都带有阳台，并设有落地玻璃推拉门以调节自然通风量。电梯厅、楼梯间和卫生间均有自然通风和采光。

诺曼·福斯特设计的德意志商业银行总部大楼（图3-3-2）共53层，高298.74米，这一三角形高塔是世界上第一座高层生态建筑，也是全球最高的生态建筑。整座大厦全部采用自然通风和温度调节，将运行能耗降到最低，同时也最大程度地减少了空气调节设备对大气的污染。该建筑平面为边长60米的等边三角形，其结构体系是以三角形顶点的三个独立框筒为"巨型

（a）德国法兰克福商业银行街景　　　　　　（b）空中花园内景

图3-3-2　德意志商业银行总部大楼

（图片来源:（英）杰森·波默罗伊. 空中庭院和空中花园［M］. 杜宏武，王擎译. 北京：机械工
业出版社，2019.）

柱"，通过八层楼高的钢框架为"巨型梁"连接而围成的巨型筒体系，具有
极好的整体效应和抗推刚度，其中"巨型梁"产生了巨大的"螺旋箍"效应。
平面围合出的三角形中庭，如同一个大烟囱，并分别设置了多个空中花园，
有效地组织了办公空间自然通风。据测算，该楼的自然通风量可达60%。大
厦被冠以"生态之塔""带有空中花园的能量搅拌器"。

3.3.2　山地建筑

我国是个多山的国家，合理开发山地建筑已经成为我国开拓土地资源、
节约耕地的一项重要手段。山地建筑是个主要的建筑类型，与自然要素关系
密切，值得研究。

山体建筑设计要因地制宜、因势利导，对建筑所在区域环境和地貌、地
形，进行合理融合。山地建筑设计势必会对原生态环境造成一定的破坏，所
以，山地建筑设计要尽量结合山地特点，形成一个良好自然景观。这样的山
体建筑设计，有利于保护生态环境，为人们提供舒适的工作、生活环境。

山地建筑与普通平地建筑相比，其在地貌、植被等自然要素方面都比较
特殊，山区的自然生态环境也相对脆弱。在山地建筑设计中沿用平原地区的
设计理论与方法显然无法对症下药，因为在山地建筑设计中采用平原设计理

念，会出现应用现代化机械设备、削平山头等现象，这会导致原生态环境遭受破坏，这种做法不符合人与自然和谐发展的要求。

所以，山地建筑设计因考虑相关的自然要素，首先建筑应适应地形。建筑基地的地形结构对建筑形态产生作用，建筑应尊重基地地形所提供的基本位置、高差、形状、植被等已有环境。

中国传统的环境观和当代的可持续发展观都追求人与自然环境的和谐平衡，主张尽量顺应自然环境。建筑从平面布局、空间构成到形体造型尽可能保持原有环境的自然要素，强调对地形和自然环境的适应关系（图3-3-3）。

（a）河南巩义海上桥村

（b）河南南太行茶店西沟村

（c）欧洲滨海小镇

图3-3-3 山地建筑与聚落
（图片来源：作者自摄）

这方面，中国很多山地传统民居的做法体现出具有地方性的生存智慧和建筑处理手法，如建筑常沿坡地等高线阶梯状布局，利用过街楼、吊脚楼、通廊、吊层处理等手法适应地形的变化，并巧妙运用踏步、楼梯、空廊、平台与地形自然协调。在满足交通、生产、生活等功能的同时，营造出高低错落、疏密有致的既适应环境又美化环境的独特村寨风貌。

再者是使地形适应建筑，在改造地形以使其适应建筑开发时，应坚持可持续发展的基本原则，尽可能减少对天然地形的扰动和破坏。如对坡地地貌常通过营造局部平地环境消除坡地对建筑物的影响，同时根据坡度的不同，建筑物分别采用不同的布局方式，坡度25%以下时常采用建筑物纵轴平行于等高线的布置方式，坡度25%以上时建筑物纵轴与等高线垂直或斜交，采用跌落或错层布置。

如安藤忠雄设计的神户六甲山住宅，基地在60度的陡坡上，朝南，能看到自大阪湾到神户港的全景。为了使建筑融入周围绿色的环境中，必须使建筑顺着山体的坡度扎入基地中，同时还要限制建筑的高度。整个建筑由一组5.4米×4.8米的单元构成（图3-3-4）。此外，设计者巧妙的构思和创意，可以使不利变有利，使建筑与山地环境相得益彰。

图3-3-4 六甲集合住宅鸟瞰
（资料来源：（日）安藤忠雄，显荣. 六甲住宅（Ⅰ、Ⅱ、Ⅲ期）[J].
世界建筑，2003（6）：78-81.）

3.3.3 滨水建筑

　　水具有灵性。滨水建筑具有良好的景观建筑特色，是建筑设计中重要的类型。

　　当自然形态的水存在于建筑空间中时，往往能形成视觉的焦点，引导并控制人的视线。水会以多样的形式在建筑空间中出现，往往会形成空间的中心感，成为空间转折或者延续的媒介。分析自然中的水要素，动态的水，明快、活泼、多姿，以水体的形态运用在建筑空间时，多辅以"声"的衬托，达到形声兼备的效果。随着科学技术的发展，建筑空间中利用立体水的形式越来越普遍，除了壁流以外，还有泻流、叠水、水幕、溢流、瀑布等形式创造出立体水景。这无疑是用自然的建筑语汇建构，丰富建筑空间形态。

　　这就是人的亲水性而产生的建筑的亲水性，水要素会调动人的视觉、听觉、嗅觉等，使人的感受不断变化，门窗不单是通道或采光的构件，同样扩展为视觉、听觉和嗅觉均能流通的特殊界面，空间的形式更为开阔、更丰富、更易流通，而自然要素在建筑空间中的运用，产生了一连串新的空间设计手段，如空间的流通、空间的渗透、空间的复合等（图3-3-5），其手法多为或欲放先收、或以暗衬明、或围透有致、或开合相宜。自然要素与现代

（a）临水玻璃墙，虚实对比，大挑檐屋顶形成灰空间，
与水面形成空间组合

（b）建筑临水面的节奏，与水波动静构图，对比如画

（c）滨水建筑群，亲水空间

（d）通透的外立面及柱廊

图3-3-5　滨水建筑
（图片来源：作者自摄）

（e）亲水平台等处理手法，形成与水环境的对话

（f）玻璃盒子与水环境，反射与映射，形成虚幻的滨水界面，弱化了建筑的体量感，与城市环境形成互动

（g）天津大学建筑学院，校园中轴线末端，庄重对称，虚实对比，也形成湖面的背景

（h）木心纪念馆，通过石桥形成与水面组成的空间序列，犹如古代书院中的伴池，使参观者心静

图3-3-5 滨水建筑（续）

（图片来源：作者自摄）

建筑构成结合，能将建筑的室内外空间连接起来产生整体感，从而增加建筑空间的层次感。

提到水，不能不谈中国传统园林建筑，叠山和理水是造园的主要手法。造园不是孤立的建造，而是将自然中的每一个要素都与实体建筑空间发生联系，既独立成型，又对话相融（图3-3-6）。

（a）同理古镇水乡景观

（c）退思园2

（b）退思园1

（d）退思园3

图3-3-6　同理退思园
（图片来源：作者自摄）

3.4　设计方法

3.4.1　仿生建筑

仿生建筑，简单来说，即模仿自然结构的建筑。理论上，仿生建筑并不完全适应人类的需求，但作为一种设计理念，以及其探索过程中所发现的科学技术，仍旧有利于应用于真正适应人类生活的建筑形态（图3-4-1）。

部分拟态通常采用自然界要素做部分装饰或者对部分结构采用仿生学原理进行设计。相比于整体拟态来说其直观震撼感受被削弱，细腻感扑面而来。

帕金斯威尔建筑设计事务所设计的上海自然历史博物馆（图3-4-2）充满了各种自然色彩元素，大片的绿色铺满屋顶、形似植物细胞壁的玻璃幕墙、光影变幻、自由的弧面曲线等建筑细部，彰显着大自然的精巧，用建筑自身形态增强了博物馆的教育意义，让人们感悟人与自然的和谐相处。

（a）自然的结构方式，无序中有序，是21世纪美学的体现，具有自然象征的含义

（b）结构穿插，形成看台下部空间

（c）香港中国银行，蕴含青竹节节高的中国文化精神

（d）香港奔达中心，几何形态的组合，光影效果强烈

（e）香港奔达中心，底层架空立柱，犹如城市森林

（f）鹤壁市体育馆，用抽象的仙鹤形象，形成建筑表皮肌理

图3-4-1　仿生建筑
（图片来源：作者自摄）

（a）上海自然博物馆鸟瞰

（b）中庭

（c）采光口

（d）主入口及外部环境

图3-4-2　上海自然博物馆

（图片来源：a：《上海自然博物馆设计与技术集成》；其余作者自摄）

3　基于自然要素的设计理念与方法　　　129

3.4.2 自然建筑

自然建筑，从字面意义看，可理解为融于自然、使用自然材料或自然而然的建筑。其作为一种创作趋向或方法，在建筑发展史上，源于20世纪60年代起的国际自然建筑运动。其主要的建筑精神，包含取法自然、就地取材、人力施作、天人合一、历史与传统智慧、与土地为善、强调个人直观与创造力等内涵。自然建筑最重要的前提，不在于建筑技术的研发，而在于回归自然简单的生活。

日本建筑师隈研吾在《自然的建筑》一书中则认为，"所谓自然建筑，不是用天然素材建造的建筑，当然也不是往混凝土上贴天然材料的建筑。……自然是某种关联性。自然的建筑，就是与场所建立了幸福联系的建筑。"这表明建筑应该是自然的一部分，隈研吾通过对材料敏感地运用，来沟通建筑与自然。

隈研吾建筑作品土耳其OMM现代艺术博物馆（图3-4-3）是土耳其西

（a）外观   （b）内部空间

（c）采光井   （d）展厅

图3-4-3 土耳其OMM现代艺术博物馆
（图片来源：网络）

北部大学城的地标性建筑。这座建筑看起来像一系列木头堆叠起来，与周围的街景及该街区作为木材交易市场的历史相呼应。这所占地4500平方米的艺术博物馆收藏了约1000件现当代艺术作品。

限研吾为禅宗分支Obaku Sect在东京的第一座寺庙Zuisho-ji寺，重建了寺庙内僧人的住所（图3-4-4）。该项目日式和风和东方禅意完美结合，并且融入大自然，限研吾领导的建筑师团队着重关注了从寺庙的储藏室开始向前延伸的一条轴线。通过建筑设计手法，建筑师在寺庙轴线的南侧设置了一个"U"形的回廊和禅院，"U"形回廊围合出一个庭院，庭院的中心是一个水池，水池的中心有一个高于水面的舞台，为人们提供了一个举办社区活动和演出的场地。室内空间布局上，结构框架由钢和木材共同打造而成，玻璃立面创造出一种通透感。外部的木质托梁和百叶窗相互呼应，创造出一种几何图案，从而突出了Obaku Sect禅宗的特殊性。

赫尔辛基的Temppeliaukion教堂（图3-4-5），则用一种更直接的方式来融入自然。教堂位于一处高地的大石头里面。教堂的内部空间是通过挖掘基地的岩石而得来的。挖掘出来的石头，精心挑选后，又重新放置在教堂上方。在这里，自然就是建筑，建筑就是自然。这其实是最原始的建筑空间模式。建筑师用新的技术和概念，在更高的艺术层面，重新找到建筑空间的本源。Temppeliaukion教堂就被这样隐藏在喧闹都市的大自然里，为人们提供一方宁静。

（a）庭院与水景

（b）连廊与植被

（c）檐下空间

（d）与寺院建筑的融合

（e）院落空间与围合

图3-4-4　Zuisho-ji寺
（图片来源：网络）

（a）整体鸟瞰图

（c）主入口

（b）内部空间及采光

图3-4-5 Temppeliaukion教堂
（图片来源：作者自摄）

3.4.3　垂直绿化

　　垂直绿化又被称为立体绿化，是一种将绿化空间从二维转向三维的绿化形式，是建筑与自然要素相结合的一种方法，已成为当代建筑新的趋向和亮点。

　　垂直绿化具有美观效果，并且绿化质量和观赏性都较高，不仅能提升城市绿地面积，而且降低了城市内的热岛效应和温室效应及噪声和光线污染，还给人一种视觉上的享受，提升城市居民生活质量。垂直绿化技术充分利用了城市内有限的空间，打造出一个优秀的绿色城市。

　　垂直绿化的作用显而易见：

　　（1）增加城市绿地面积，垂直绿化增强了城市内建筑的美化效果，同时，缓解了土地开发与绿化面积之间的矛盾，促进了城市和谐发展。

（2）大幅降低了城市空气内的CO_2含量，由于垂直绿化能够直接接受照射在建筑物或是植被依附物上的阳光，通过光合作用吸收CO_2。

（3）依靠吸收热量、抵挡阳光来降低建筑物内的温度，节省由空调而消耗的电力，达到节能减排的目的。

（4）降低噪声，垂直绿化直接利用植物层叠叶片的隔音性，提升了声音的吸收率，降低城市内的噪声污染。

（5）还能缓解由于城市玻璃幕墙造成的光污染，并利用明亮自然的颜色妆点建筑，提升其美观程度，建设良好市容。

（6）由此引发都市农业的技术性和经济效益，改变了都市的未来功能和发展方向。

米兰垂直森林双塔（图3-4-6）是由意大利著名设计师斯坦法诺·博埃里设计。"垂直森林"是一个高层建筑的新概念，它使树木和人类得以在城市中共生。

"垂直森林"有很多的现实意义，例如：减少城市扩张，将远郊的别墅和森林移植到城市中，是反城市盲目扩张的平衡器；重新引入数百种植物和生物，增加区域的生态多样性；森林幕墙可以减少城市的热岛效应，在不使用空调或暖气的情况下内外温差保持在2℃，从而节约能源；茂密的森林不仅能够吸收温室气体，还能减少噪声和光污染等。

上海天安·千树（图3-4-7）综合开发项目位于苏州河畔，前身为阜丰福新面粉厂，随后由建筑师托马斯·希瑟威克（Thomas Heatherwick）匠心打造。项目占地约30万平方米，以"树林"为意象的直观表达，建筑外墙运用水平条纹元素，绿色和灰色层层递进，与向上生长的植物产生共鸣。

整体望去，整座建筑在周围的"钢筋丛林"中脱颖而出，自成一派，很难不让人幻想巴比伦空中花园是不是随风漂游至上海。究竟是建筑为绿植铺垫，还是绿植为建筑作陪，一切思考都模糊在壮观的呈现中。

（a）建筑外观

（b）阳台细部

图3-4-6　米兰垂直森林双塔

（图片来源：a、b：黄华 摄；c、d：（意）斯坦法诺·博埃里，胥一波. 生态多样性——米兰垂直森林双塔 [J]. 时代建筑，2015（1）：126-133.）

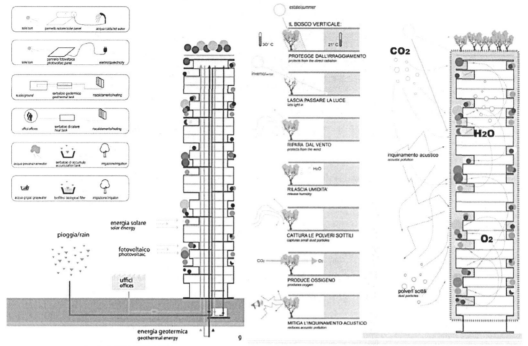

（c）可持续能源利用　　　　　　　　　　　　（d）节约能源，减少温室气体

图3-4-6　米兰垂直森林双塔（续）

（图片来源：a、b：黄华 摄；c、d：（意）斯坦法诺·博埃里，肖一波. 生态多样性——米兰垂直森林双塔［J］. 时代建筑，2015（1）：126–133.）

（a）鸟瞰图　　　　　　　　　　　　　　　　（b）局部效果图

图3-4-7　上海天安·千树

（图片来源：全球软装）

3.4.4　共享空间

　　美国著名现代建筑师约翰·波特曼最早把"共享空间"引入旅馆建筑中，创造出一种令人振奋的"人看人"的旅馆中庭，体现了他"建筑是为人而不是为物"的设计理念。波特曼通过共享空间、玻璃观光电梯、旋转餐厅

这三大"法宝",征服了旅客,使其在旅馆设计中得到广泛应用,并由此扩展到购物中心、娱乐中心、办公楼、银行、博物馆、车站、医院、学校、图书馆和公寓等建筑中,成为建筑与自然要素相结合的场所。

共享空间作为一种建筑设计方法,采用光线、色彩、运动、自然、水等要素,创造出一种宜人的、动静结合的公共空间。共享空间对提高人们的生活品质、生存环境都产生了积极作用,它不仅是一个城市人流聚集的场所,也成为城市文化的一种融合,具有象征性的意义。正如波特曼说:"建筑的本质是对人与人之间内在关系的理解以及对人类如何与场所、时间、文化、功能发生关系的一种理解。"

在波特曼精彩的共享空间和城市综合体中,处处能看到绿色的植物、花草、流动并发出响声的溪水与喷泉,使人仿佛置身于一个真实的自然之中。体现了建筑空间的本质是为人服务的,是对人性的关怀和对历史文化的继承与发展,符合人们对自然的内在感情,给人们提供一个能够回归自然的人性化的中庭空间和场所。

共享空间(图3-4-8)发展到今天,形式多样,空间高度从几层到几十层,且更加人性化和与自然相融合,成为城市综合体、交通枢纽等常用的空间设计方法,讲求复合空间和自然光的应用。

共享空间通过天窗把自然光引入内部大厅,极大地丰富了空间的表现力。正如路易斯·康所说:"从建筑的角度而言,没有任何空间能成为空间,除非它拥有自然光。"在这里,自然光成为传递视觉信息的媒介,它在建筑中的作用是绝妙的,甚至被当"建筑材料"来应用。通过光的直射、反射、折射,以及不同季节、不同时刻的光影变化,可以塑造出千变万化的视觉环境来。

(a)柏林索尼中心的天棚1　　　　　　　(b)柏林索尼中心的天棚2

柏林索尼中心采用巨大的张拉膜结构,把环绕中心广场的七栋单体建筑连接在一起,围合成近40米高的巨大空间,形成城市的尺度,这里有写字楼、电影院、书店和咖啡馆等,把城市生活引入,共享空间在这里成为城市的客厅。

图3-4-8　共享空间实例
(图片来源:作者自摄)

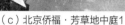（c）北京侨福·芳草地中庭1　　　　　　　　　（d）北京侨福·芳草地中庭2

商业中心的共享空间把城市空间直接引入，自动扶梯、电梯、廊桥、广场等变幻多姿，加上现代艺术和雕塑的烘托，突出了时尚、消费、休闲的主题。

（e）挪威某海滨展示中心　　　　　　　　　　　（f）柏林犹太人博物馆

展览空间也采用共享空间的形式，扩大了展览空间和交往空间，阳光从玻璃天棚照入室内，使城市生活介入，充满活力。

犹太人博物馆的交通空间，采用直跑楼梯，倾斜的墙壁和穿插的斜柱，加之光线变化，制造出一种空间上的导引和互动。

图3-4-8　共享空间实例（续）
（图片来源：作者自摄）

（g）卢浮宫金字塔1

（h）卢浮宫金字塔2

卢浮宫改造项目的玻璃金字塔，为地下中庭带来阳光，使空间具有更强的感染力。

倒锥形采光口设计，独具创意，使几何体光影变幻，变成水晶般的雕塑。

（i）华盛顿美术馆东馆中庭

（j）中国国家博物馆中庭

东馆的共享中庭是贝聿铭在公共建筑中常用的手法，玻璃采光顶和交通连桥的穿插，给美术馆空间增添活力。

中国国家博物馆的公共中庭是老建筑的室外广场空间，通过改造，成为联系各个展厅的交通空间，巨大的尺度，与国家形象相一致。

（k）客家文化中心中庭

（l）香山饭店四季中庭

巨大的共享空间成为建筑内部不同功能区域的连接体。

香山饭店及其四季中庭成为中国建筑现代化一个标志和符号。

图3-4-8 共享空间实例（续）
（图片来源：作者自摄）

4

建筑设计中自然要素的运用

4.1 设计构思与自然要素

设计构思需要建筑师综合地对设计问题进行准确的分析和把握，涉及的范围较大，有主有次，抓住重点，由切入点产生灵感和突破，形成有创意方案的构思。好的构思就像找到开启设计方案的钥匙，这个钥匙如何获得？除了扎实的专业基础和实践锻炼外，从自然要素入手，也是一个有效的途径，当代有许多优秀的建筑设计构思就与自然要素有关，具有启发性。

自然界中的山水常常与人们发生情感的碰撞，使人们与山水、花草树木之间产生共鸣，触景生情，诗人通过自然界中的草木抒发自己的情感。建筑师亦然，建筑师对自然要素有着自己独特的感知和思考。

建筑在人类和自然之间，能起到沟通的桥梁作用，它能唤起人们对自然的向往和回归的渴望。当自然要素与建筑空间结合，能让建筑空间更富有感染力和生命力。正如安藤忠雄所说的"建筑最终是人们对大自然的一种应答。换言之，建筑之力必须适应自然之力。建筑的目的永远是创造一种让建筑之力和自然之力在矛盾之中的环境。"

4.1.1 设计草图的表达

设计构思草图是建筑师的"心迹"，建筑师靠图的语言来交流，建筑师个人的探求，存在于在纸上标记的，能看到铅笔线厚度背后的东西（图4-1-1）。草图是建筑师灵感的源泉，正如西班牙建筑师胡里奥·巴雷诺的观点："建筑师必须是一个探险家……他不知道他的设计将到达哪里。他的旅行背包必须带有有用的工具——能带他去一个有趣的新地方的每一件东西——知识、经验、勇气和直觉。"

4.1.2 环境的感知

阿布扎比罗浮宫是阿拉伯地区首个全球性的博物馆（图4-1-2）。

阿拉伯地区典型的天气和地貌特征是法国著名建筑师让·努维尔设计任务的切入点。其设计灵感来源于沙漠绿洲中棕榈树下的斑驳阳光，简单地观察和感受对阿布扎比卢浮宫的设计形成了重要影响。在博物馆的公共空间，

（a）诺曼·福斯特的草图

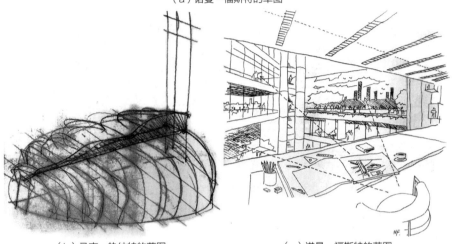

（b）马克·热纳特的草图

（c）诺曼·福斯特的草图

（d）奥德诺与托米的草图

图4-1-1　建筑师的设计草图

（图片来源：（英）威尔·琼斯. 建筑大师设计草图 [M]. 丁格菲，李鸽译. 北京：中国建筑工业出版社，2016；《Tadao Ando》）

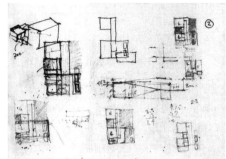

（e）吉原麦基的草图

（f）安藤忠雄的草图

图4-1-1　建筑师的设计草图（续）
（图片来源：（英）威尔·琼斯. 建筑大师设计草图［M］. 丁格菲，李鸽译. 北京：中国建筑工业出版社，2016；《Tadao Ando》）

（a）透视图

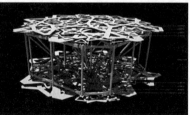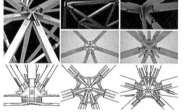

（b）穹顶纹理示意图　　　　　　　　（c）穹顶共包含八层结构

图4-1-2　阿布扎比卢浮宫
（图片来源：网络）

（d）总平面图

（f）博物馆内霍尔泽的作品

（e）穹顶下的室外空间

图4-1-2 阿布扎比卢浮宫（续）
（图片来源：网络）

宁静的氛围使参观者身临其境，感受大漠烈日下的荫蔽和微风。通过对场地语境的考量，努维尔将其打造成了一座海洋中的"博物馆之城"。

1．建筑对环境的回应——穹顶与街道

努维尔借鉴了清真寺、学校等阿拉伯建筑的特点，穹顶的原型是阿拉伯传统建筑用作屋顶材料的交错棕榈叶，经过精密计算形成的穹顶成为设计概念中最典型的特征。直径达180米巨大圆形穹顶覆盖了博物馆之城的主体，它包含八层结构，即四个不锈钢外层和四个铝制内层，中间由5米高的钢架进行整合。整个钢架重达12000吨，由四根被隐藏在博物馆建筑内的巨型柱子支撑。穹顶海拔高度29～40米，高于首层平面36米，不会过低给人压抑感，满足观众轻松休闲的心理需求。在夜里，穹顶的图案将形成7850颗星星，将室内与室外同时点亮。

2．人对建筑的体验——光影与回忆

博物馆的穹顶为观众营造了一个"光之雨"空间，美轮美奂的虚幻风格令人惊叹不已，同时，博物馆坐落在被海水包围的人造岛上，一个以法拉吉（古老的阿拉伯依靠地势的落差输水的灌溉工程）为灵感的水系统贯穿博物

馆，随着日照路径的变化，光影洒落在建筑内形成无数形状各异、大小不一的光点，构成一幅幅迷幻的画面。

博物馆在与人的互动过程中，设计者力求使观众获得美好的体验，并触发观众的记忆点。博物馆独立展厅中的17座展厅设有玻璃天窗，通过玻璃繁复的散射，避免了刺眼的眩光，新旧之间的隔空对应加深了观众的观感体验。

4.1.3　木的类型学

Warak Kayu微型图书馆（图4-1-3）是印尼中爪哇省首府三宝垄最新的

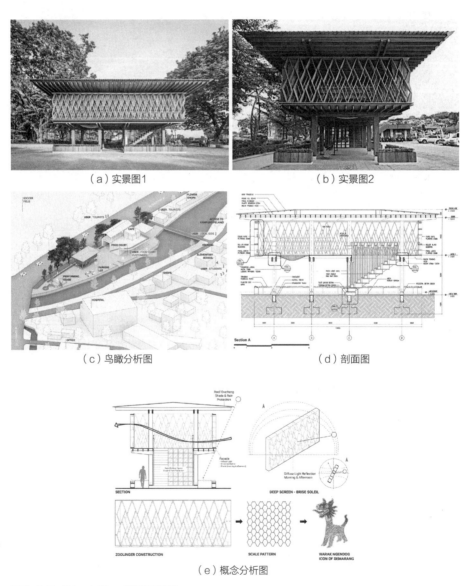

（a）实景图1　　　　　　　　（b）实景图2

（c）鸟瞰分析图　　　　　　　（d）剖面图

（e）概念分析图

图4-1-3　Warak Kayu微型图书馆
（图片来源：网络）

标志性建筑景观。这将是城市旅游路线的一部分，该建筑将作为免费巴士之旅的停靠站。从建筑上看，该项目反映了SHAU针对热带环境的被动气候设计、材料选择和类型学实验。经过无数次设计修改，建筑师提出了架空整个建筑这一最佳概念，就像传统的高跷房子一样，因为它不仅具有图书馆的功能，还是一个邻里和社区中心，同时用于提升印尼的木工产品及制造能力。

微型图书馆是围绕被动气候设计方面进行设计的：不使用空调，因此不浪费能源。建筑物通过交叉通风进行冷却，并使用遮阳元件防止太阳热进入。悬挑的屋顶在中午前后提供阴影，这意味着直射的阳光不能畅通无阻地进入建筑物，而漫射的阳光足以在没有人工照明的情况下阅读书籍。

4.1.4　隐身的沙丘

坐落于北戴河黄金海岸阿那亚社区的UCCA沙丘美术馆（图4-1-4）于2018年9月正式开放。对于设计师而言，阿那亚的吸引力，不仅来自海天之间美好的景色，更是来自其社区营造的美好理念。沙丘美术馆选址于沙丘之下，是设计师关于人与自然关系的一种观念上的契合：对于自然，人类应保有尊重与敬畏。将美术馆选址于此，是对自然的珍藏，也是一种无言的宣告：只要有这座美术馆在，这片沙丘就永远不会人为"被推平"，从而维护了千百年累积下来却非常脆弱的沙丘生态系统。

（a）实景效果图

（c）建筑临海造型

（b）埋藏在沙丘下的混凝土壳体

图4-1-4　UCCA沙丘美术馆

（图片来源：OPEN建筑事务所. UCCA沙丘美术馆［J］. 建筑学报，2019（01）：68-73.）

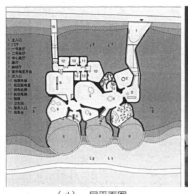

（d）一层平面图

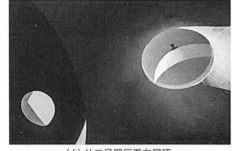

（e）通往观景平台的楼梯

（f）从二号展厅看向屋顶

（g）临海的咖啡厅

（h）看向海滩的两个"眼眶"

（i）海滩上的孔洞夜景

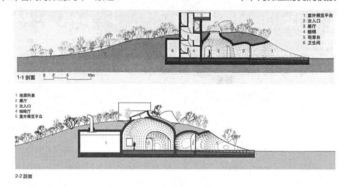

（j）剖面图

图4-1-4　UCCA沙丘美术馆（续）

（图片来源：OPEN建筑事务所. UCCA沙丘美术馆［J］. 建筑学报，2019（01）：68-73.）

其灵感源自人类原始居住"洞穴"的概念，每一个被分割开的空间，大大小小地结合在一起，如同细胞一样蕴藏着生命的深度；矗立在海边，其主体建筑隐藏于海边经过上千年形成的自然沙丘下，又饱含了时间的厚度。在设计师的设计理念中，希望美术馆成为一个不可名状的空间，因此在许多方面都体现了这一特点。如空间里的光源特意采用特殊的方式，从美术馆顶部开辟大小不一的天窗，光线从高高的穹顶上倾泻而下，光线在墙壁与地面间跳跃折射，空间弥漫着静谧而神圣的精神光辉；展厅之间的有机结合，使声音在美术馆里自由游走；临海的一面选择特殊玻璃作为落地窗，玻璃的半圆形和厚度设计得非常特别，其中一扇最完整的玻璃，仅重量就达1.2吨。海浪穿透玻璃，在展厅内听起来异常动听。

4.1.5　结构性空间

上海英科中心（图4-1-5）基地位于奉贤区黄浦江南岸的一片涵养林之中，设计概念来自两个起点的结合，即传统民居和企业文化。首先是理水，将河水净化后引入场地，给整座建筑提供了一个聚水的基座，在上面建造一座新型的合院。奉贤乡村典型的传统建筑形制，即清代起在上海地区盛行的绞圈房，是由四座单层双坡顶建筑围成的合院宅。设计采用四个建筑单元围合中庭，在延续这一空间形制的同时尝试通过结构性的空间组织给这一形制注入新的活力。

整个合院由外圈的半透明院墙、中圈的四个单元体和内圈的庭院构成。四角柱向外伸出枝杈，支撑在外圈连接的四片索网桁架，表面悬挂三角形的风动叶片。镜面氧化铝叶片倒角卷起，随风闪动，如树叶在微风中颤动。这片风动幕墙在为合院筛入自然风的同时，也映射周边的树林和天空，营造出半隐的合院形象。

中圈的单元体放在四个平台上，呈风车状布置，如四艘船首尾相连停靠于水岸，每个单元体由两端的树杈型立柱及双梁支撑屋顶结构，然后向下吊柱挂住二层楼板，这种悬吊结构在建筑底部实现了自由的流动空间，可以满足展览、聚会等多种公共功能的需求。内圈的墙院由一层南北方向的两片混凝土墙和二层东西方向的两片混凝土墙上下搭接组成，墙外形成环廊，墙内围合庭心。通过对结构和材质的组织，在外圈、中圈和内圈之间建立了双向的渗透性。抬升的院墙吸引人流，自外而内的流动使合院里的人得以在三重空间里享受微风、流水和天光，如同置身于一个人造的小树林中。与此同时，合院内的展品、交流活动以及合院本身的形象，也通过中圈的小院和外圈的风动幕墙，以若隐若现的渗透方式向外传播着英科再生、开放、循环的企业文化。

（a）轴测图	（b）屋顶平面图

（c）建筑外观	（d）轴测分解图	（e）展厅与中央庭院

（f）悬吊结构在建筑底部实现了自由的流动空间	（g）风动幕墙

图4-1-5 上海英科中心
（图片来源：网络）

4.1.6 形态的隐喻

　　上海天文馆（图4-1-6）通过具有仪式感的顶光塑造了一个神秘、迷人的光影空间，运用隐喻手法，创造出"天文观测"的主题和意境。

　　天文馆建筑很明显表现的对象是星空、宇宙，设计师放弃了直线和直角，用曲线表现宇宙的形态。设计师从物理学经典的"三体问题"中汲取灵感，在设计上着眼于太阳系内天体之间由引力所产生的错综复杂的运动轨迹，并将这一理念在天文馆弯曲的外观、狭长的带状建筑上展现得淋漓尽致。建筑外围大量采用弧线设计，引入螺旋形绿化带，以象征天体运行的曲线之美；中庭中心、入口天窗，以及天象厅的行星状球体随处可见这种美感。整座天文馆及其三大建筑主体——圆洞天窗、倒转穹顶和天象厅球体，

（a）实景鸟瞰

（b）实景平面，用曲线表现宇宙

（c）天文馆入口，地面光斑随着太阳移动

（d）圆洞就是一个日晷

（e）倒穹顶

（f）顶部圆洞

（g）顶部圆洞2

（h）剖面分析图

图4-1-6　上海天文馆

（图片来源：网络）

共同诠释着天体（太阳、月亮和星星）运行的基本规律。

圆洞天窗位于天文馆主入口处，阳光穿过圆洞时会在地面形成光斑，且随着太阳在天空中的移动，光斑也会随之移动到地面的入口广场和反射池，以记录时间的流逝。夏至正午时分，光斑则会与天文馆入口广场地面上的圆形标志完美重合，成为节气标志。整个圆洞天窗好似一个日晷，无时无刻都在捕捉光影，记录时间。

倒转穹顶采用了一个巨大的倒置玻璃张拉结构，它位于天文馆中庭顶部，游客可以置身其中，静观天空，思考宇宙。光的参与使得整个参观过程充满了神奇的体验，对宇宙的理解、对宇宙的观察都在这样一明一暗的光影环境中体现出来，对意境的诠释准确而深刻。

4.1.7　自然的本质

丹麦的Sanderumgaard花园凉亭（图4-1-7）是一个带屋顶的环形拱廊，

（a）建筑区位环境　　　　　　　　　（b）透视

（c）晴天的凉亭　　　　　　　　　（d）水成为凉亭另一种界面

（e）剖面图

图4-1-7　丹麦Sanderumgaard花园凉亭
（图片来源：网络）

在拱廊的围合下形成了一个小型的中央庭院。关于这样一个小庭院，设计师有两种思考方向：要么延续花园中的原有道路；要么与之相反，建造一个"自然的赞美诗"，塑造一个人与人、人与自然能和谐交流的空间，在这样的空间中，人们能时刻关注自然，自然的本质，通过这种方式凝聚起来。

4.1.8　山形建筑

重庆柏溪校区九年一贯制学校方案（图4-1-8）用地局促，且山地特征明显，东西侧高差40米，不利用较大密度的建筑布局。在构思过程中，就要最大限度尊重生态本底，统一考虑公园绿地、学校用地等功能的需求，通过一个"大平层"解决高差的问题，同时串联起周边场地，平层屋顶随着地形的变化形成波浪形，内部形成采光天井，用于下层采光。同时起伏的波浪形屋顶又形成了丰富的内外空间节点，屋顶的绿植与场地内的植被形成呼应，成为学生的活动空间。

校区的基本教学单元呈聚落组团式布局，建筑层层退台，形成四个独立的"山形"组团，便于不同年级学生独立参与课程，互不干扰。退台式的建筑形态形成空间层次丰富的共享露台，为学生的交流提供了更多的场所。四个教学组团漂浮在起伏的屋面之上，整体形态呼应了山城的丘陵地形，营造

（a）鸟瞰图

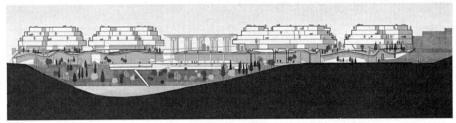

（b）校区剖面图

图4-1-8　重庆柏溪校区九年一贯制学校方案
（图片来源：网络）

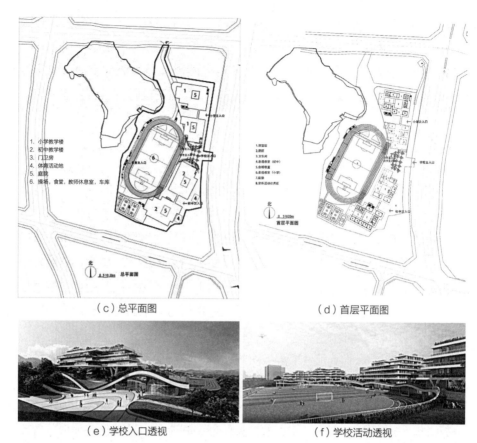

（c）总平面图 （d）首层平面图

（e）学校入口透视 （f）学校活动透视

图4-1-8 重庆柏溪校区九年一贯制学校方案（续）
（图片来源：网络）

了一个丘陵上的公园式学校。

　　该方案结合自然要素和建筑空间处理手法，打破了以往中小学建筑单一的空间组合方式，建筑与山地有机结合，形成良好的教学环境，有利于学生的身心健康和交流，具有一定的创新和启示。

4.2 场地设计与自然要素

　　建筑不能脱离环境存在，因此与环境保持和谐、一致，是在设计初期的场地设计中需要注重的一点。

4.2.1 场地与原材

　　在郑州市二七区樱桃沟景区内的建业足球小镇（图4-2-1）内，在足球

（a）游客中心鸟瞰图

（b）游客中心复原模型

（c）入口细节图

（d）游客中心入口效果图

图4-2-1　建业足球小镇游客中心
（图片来源：胡义杰，郑州建业足球小镇游客中心［J］. 当代建筑，2020（2）：111–115.）

小镇的主入口，侯张线西南侧的一块台地上建设一座3000平方米左右的建业足球小镇游客中心。

建筑设计构思来源于当地黄土沟壑风积地貌印象，一片片高低错落的厚重墙体，朝向人流的来向呈放射状。用一种与环境融合的低姿态，表达了对场地的尊重，建筑群落的整体感，增强了视觉冲击力和导向力。整个建筑实现无柱大空间，用箱体式剪力墙作为主要承重结构，支撑钢结构楼板和钢结构屋架。剪力墙实体和玻璃幕墙相间的虚实关系，同样反映了建筑功能、形态与结构逻辑的统一。

该项目是当时全球高度最高的纯手工夯土建筑，浑然一体的建筑和场地环境，让建筑充满了力量，这种力量，似乎来自这块神奇的黄土地，来自大自然。

4.2.2 场地的消解

中国美术学院民俗艺术博物馆（图4-2-2）坐落于杭州中国美院象山中心校区的山间，周围被优美的自然环境怀抱。建筑师的初衷是建造一座可以感知自下而上延伸的地形博物馆，即各楼层随着山坡斜度的变化而起伏延伸。

建筑师隈研吾的设计宗旨为消解建筑与环境之间的割裂关系，使建筑真正成为人与自然沟通的桥梁。"消解建筑"和"粒子化"手法，着眼点都是为了使建筑服从于自然，以一种谦和低调的姿态融入周围环境，使建筑的存在与周边的环境相得益彰，不使建筑显得高调突兀。

这里，"消解"的主题主要是从建筑的形体造型、空间布局等方面表现出来。民艺博物馆的屋顶造型丰富，以江南常见的瓦为主题，承载着乡愁，也显现着时代感。以平行四边形为设计母体，通过几何手法的分割、添加，使其屋顶随山势叠加起伏，仿佛和远山融为一体，又像是中国山水画中的景象，在感官层面，消解了人们对建筑的陌生感。

建筑的外墙表皮，是通过不锈钢索网架将数万块瓦片镶嵌在一个个的网格内，瓦片层与落地玻璃相互叠加，形成一整面有着独特图案的、通透的瓦幕墙。

（a）民俗艺术博物馆屋顶细部

（b）民俗艺术博物馆屋顶

（c）外立面阳光投影

（d）外立面材料分析图

图4-2-2 民俗艺术博物馆
（图片来源：（日）隈研吾，丁川. 隐于群山的博物馆——中国美术学院民俗艺术博物馆 [J]. 室内设计与装修，2016（6）：66-73.）

4.2.3　自然的秩序

　　实联水上办公楼（图4-2-3）是在实联化工厂区内一个原水净化池上建造，2009年开始建设，总面积达11000平方米。建筑师西扎希望通过周围的水与建筑结合，建造一个富有诗意的水上办公楼。建筑外立面主要采用纯净的白色清水混凝土，虽极富雕塑感却洁净而空灵，建筑平面呈现出一条类似"U"形的柔和曲线，姿态舒展地卧于水面之上，如同一座浮岛，与整个厂区体形方整的生产用房形成鲜明的对比，但由于色彩的统一与形体的平缓，并不显得突兀。建筑的"U"形平面中间自然围合成一个庭院，圆滑光洁的界面富于光影变化，上下水天相映，营造出及其静谧的空间氛围。建筑师不再固守经验性功能布局和空间流线，而是积极思考空间与空间的连接关系，注重对建筑内在结构秩序的感受。人们在连续移动时，不仅体验着立体空间的变化流动带来的感受，更重要的是通过"漫步空间"改变了人们对"路径"的心理认识。

（a）实联水上大楼鸟瞰

（b）实联水上大楼西立面

（c）局部细节图

图4-2-3　实联水上办公楼
（图片来源：宋庆·西扎在中国——实联水上大楼 [J]. 时代建筑，2014（5）：58-67.）

4.2.4 大学园林

华南理工大学逸夫人文馆（图4-2-4）总体布局及空间秩序是源自于对其所在的校园环境的理性分析，建筑与校园环境相结合，融入岭南园林的手法，形成大学园林建筑的效果。

（a）总平面图

（b）建筑外观

（c）局部空间

图4-2-4　华南理工大学逸夫人文馆
（图片来源：任玉冰 摄；《何镜堂建筑创作》）

（c）局部空间

（d）建筑环境

图4-2-4　华南理工大学逸夫人文馆（续）
（图片来源：任玉冰 摄；《何镜堂建筑创作》）

　　该建筑既受到纵向的校园总体规划南北中轴线关系控制，又处于横向的校园东西湖生态走廊的中心节点，处于两套系统的叠合之下分别对其进行了回应：东湖为矩形规整的人工湖，西湖为不规则的自然风景湖，配着岭南景观湖心岛、白桥和西湖苑、西湖厅等高低错落的生活建筑组群，从西湖到东湖是自然形状几何形，外向到内向的转换，为了配合这一特点，人文馆在西侧采用较为自由的平面构成，以较小体量和亲水广场呼应西湖自由的自然空间，在东湖一侧则以规整的矩形应对庄重的教学中轴线。

人文馆的功能定位为教工活动中心，是师生交流及休闲的场所，而且人文馆的地理位置是师生们的生活区和教学区的交汇处，因此在实现必要的使用功能之外，尽可能多地营造开放空间，实现多元化的人文交流。在人文馆内，即使是必要功能空间不对外的情况下仍有一个开放的交通体系贯穿整个建筑：人们可以通过廊道和桥梁从建筑的东、南、北三个方向进行穿行，实现建筑的可达性。

建筑墙体与实体功能空间脱开，室内营造很多通高空间，建筑空气流通性好。建筑的通透性既能带来良好的通风，也带来了良好的空间体验。廊道、跌水、片墙、坡道、架空的遮阳屋顶使得建筑性格丰富活泼，带来较强的视觉穿透力，空间节奏欢快。

4.2.5 场地的拟态

星之营地服务中心（图4-2-5）项目位于张家界国家森林公园琵琶溪片

（a）服务中心总平面图

（b）服务中心外观

（c）服务中心内部实景图1

（d）服务中心内部实景图2

图4-2-5 星之营地服务中心

（图片来源：网络）

区内一处山坡丘陵地带内，地形略有起伏，总体上以大片草坪为主，草坪的四周则被茂密的树林和险峻的山峰所环绕，自然风光十分优美。这里核心的场地特征就是风景，所以如何处理建筑和风景的关系就成为设计首要考虑的要素。

服务中心设计的出发点是用建筑形体来强化自然地形的变化，并在风景和建筑之间寻找平衡。建筑形体和布局依据地形的起伏和高差变化而自由展开，对场地特征的尊重本身就是一种抽象的"拟态"。箱型的几何形体被设置在不同的高差平台上，但应功能的要求又被联接为一个连续变化的整体，如同山间的几块巨石，"随意"地搁置在场地上，自然而又多变。星之营地服务中心在设计中希望将更多的场地和景观要素纳入以几何逻辑建构起的体系里来。而广场、平台、草坡、台阶、树木等通过砖墙的围合与转折，就建立起了新的空间序列，这一序列让单一的风景维度变得更加有层次，更加多样化。

4.2.6　建筑再生

位于中国福建省建宁县溪源乡都团村的公共服务中心（图4-2-6），场地内除了有着丰富的自然环境要素，还有一组烤烟房（用于烘烤烟草的生产建筑），因为工艺技术的改变，已经长期闲置，经过重新设计这组建筑也将成为整个场地设计的亮点。

基地中有两座小型的传统烤烟房，及一座大型烤烟房。大型烤烟房为砌体结构，由四个独立且平行的矩形烘烤空间组成，屋顶为平顶且相互联通，用于存放木柴等杂物。

新建筑在老建筑的基地上建设，借用了原建筑的空间逻辑和场地环境，并加以艺术化演绎。建筑师通过对原体块的消减、增加、组合，重构了平面的秩序。平面不再是原来的匀质肌理，而呈现出变化，室内空间更符合新功能的要求。

体块之间的空隙为使用者提供了室外活动空间，也使室内外空间联系性加强，与建筑形体共同构成丰富的建筑空间。一层空间朝向荷塘的立面为通高的木板，可以完全打开，人可以从建筑西南侧以一种自由的方式进入室内，形成灵活、自由的空间形态。

屋顶为弧顶，钢结构，支撑屋顶的钢柱延续了理性和荒诞并存的特征。柱子并不是垂直设立，而是倾斜且不平行的。人行走于屋檐下，柱子之间，有一种行走于竹林中的感觉。这种错位感，与周围的植物环境呼应。颜色的加入，也为柱子带来了时尚感和陌生化的效果，并与屋顶彩色釉面瓦形成呼应。

（a）远眺1

（b）远眺2

（c）大屋顶1

（d）大屋顶2

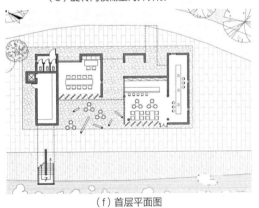

（e）旋转门模糊室内外界限

（f）首层平面图

（g）南立面图

图4-2-6　都团村公共服务中心
（图片来源：三文建筑、何崴工作室）

该案例说明，采用"加法"，也可以使老建筑获得"再生"，因地制宜地结合自然要素进行建筑改造，是节约能源，具有生态效益的积极建设方式。

4.2.7 建筑减法

越南Viettel厂外工作室（图4-2-7）的基地位于坡地上，紧邻湖泊，周围植物茂盛，自然资源丰富。在这样的环境中，建筑的形式就要"做减法"来适应和利用周围的自然要素。

建筑共有六个功能单元：欢迎接待、餐厅和四个工作室，因此建筑群由六个"V"形的墙体块自由地排列在地面上，由一个开放的走廊连接。这些块体来自三角的面空间：两边封闭，另一边面向湖泊和树木开放。墙壁创造了一个开放的书籍形状，展示了"从内部到自然的开放"。而开放的一面直接面对周围的环境，让人放松，完全浸入在自然之中。为了能更多面地利用自然要素，北向的工作室向人们提供最丰富的绿色景观。"V"形墙设计得很高，以削减来自东方和西方的强烈的刺眼阳光，也给来访者一个令人印象深刻的外立面。屋顶花园将作为室外工作室。墙上的小洞为屋顶工作室提供灯光和风。建筑充分利用自然和环境，在拥挤的城市为人们提供了一处放松和修养身心的空间。

（a）建筑区位

（b）建筑体块像打开的一本书

（c）不同体块间的连接方式

图4-2-7 越南Viettel厂外工作室
（图片来源：网络）

（d）建筑一侧向湖泊和树林开敞

（e）建筑入口 　　　　　　　　　　　（f）入口侧立面

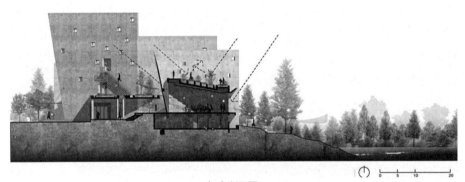

（g）剖面图

图4-2-7　越南Viettel厂外工作室（续）
（图片来源：网络）

4.2.8　环境整体

诗人阿塔瓦尔帕·尤潘基曾将阿根廷的La Pampa称为"神思者之境"，Pampa在当地语中有"广袤平原"之意。阿根廷马球训练场（图4-2-8），场地平整、开阔，功能的特殊性决定了不能过于突出建筑在场地当中的存在。于是在场地规划中，依据功能性质将场地分为两个不同的区域，分别解决社交、管理、日常训练等功能。

将马厩隐藏进天然的植被和地形中，既能减少对整体规划的影响，又能

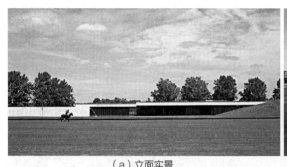

（a）立面实景　　　　　　　　　　　　　（b）屋顶

（c）鸟瞰1　　　　　　　　　　　　　　　（d）鸟瞰2

图4-2-8　阿根廷马球训练场
（来源：网络）

突出环境的整体性。场地设计的整体性、一致性还体现在对建筑屋顶的处理手法上，屋顶上种植着原生草，与马球场的草坪形成鲜明对比。斜坡既是屋顶，又是观看马球比赛的站台。由地形过渡到屋顶，整个建筑仿佛存在于场地中的一条缝隙之中。

水，空间设计中的永恒元素，代表着纯净和统一，用在马场大大小小的细节之处，创造出一种"宁静致远"的整体氛围。外露的混凝土和当地的硬木，凭借其美观性、易维护性和抗老化性，被选作基本建筑材料。

4.3　平面设计与自然要素

在现代建筑设计中，因强调功能，而强调功能，而重视平面设计，认为建筑平面是立面的发动机，这说明平面在建筑设计构思时的重要性。因为建筑平面涉及功能布局、交通组织、消防疏散、公共空间等问题，无论建筑平面采用集中式、分散式、庭院式、围合式或者自由式布局，都可以从自然要素相互关系的角度进行设计和创新。

4.3.1　平面与光线

印尼自然采光实验室住宅（图4-3-1）可以看作一个空间原型，它体现了设计师对环境问题的基本想法。设计目标是在不依赖人工设备的前提下，降低室内微气候4摄氏度，同时，在所有窗户关闭的情况下保持室内空气湿度和空气流速。

项目中多个相互交叠的间隔空间保证了自然通风的顺利进行。平缓的坡道被用于竖向交通和室内自然通风。坡道底部的倒映池与顶部三角形铝制天

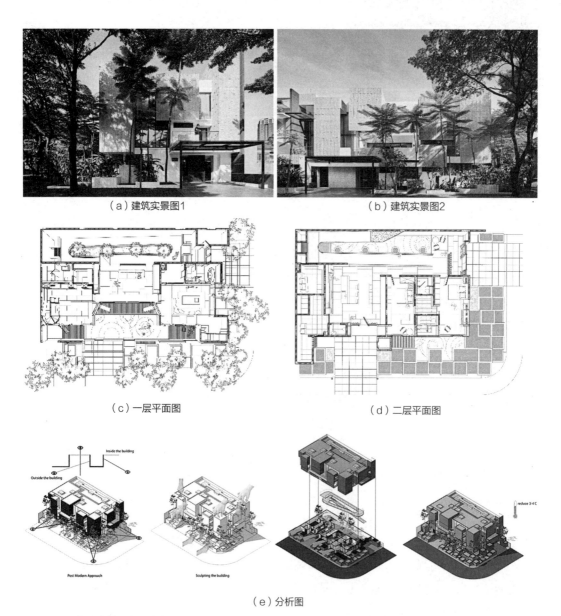

（a）建筑实景图1　　　　　　　（b）建筑实景图2

（c）一层平面图　　　　　　　（d）二层平面图

（e）分析图

图4-3-1　印尼自然采光实验室住宅
（资料来源：网络）

窗为空气流动提供了条件，因此，该区域也被用作一个通风井，自然气流保证了热空气24小时连续不断地放出水汽并通过顶部的天窗排出。

绿色屋顶最大限度地收集了雨水并将其用于灌溉，同时也减少了由混凝土释放到房间内的热量。屋顶和天窗相结合，每两个房间有三个30厘米×30厘米的天窗开口，开口呈锥形。天窗使每个房间的日间平均光照达到300勒克斯，确保了白天室内不需要添加人工采光。

4.3.2 "自呼吸"墙宅

这个被称作"呼吸墙面"之家的越南小住宅，利用空心砖墙和室内花园创造了更加健康的生活空间。八个独立的组块分散在房屋中，由可以"呼吸"的墙面围合。"呼吸"墙面包含两个元素。开放墙面系统是第一层元素，它可以阻止室外环境中的污染物进入室内。保护壳由空心砖组成，以与传统建造方式相反的方向砌筑。在这样的做法下，空心砖可以形成新鲜空气的循环，并且为室内带来自然光照。

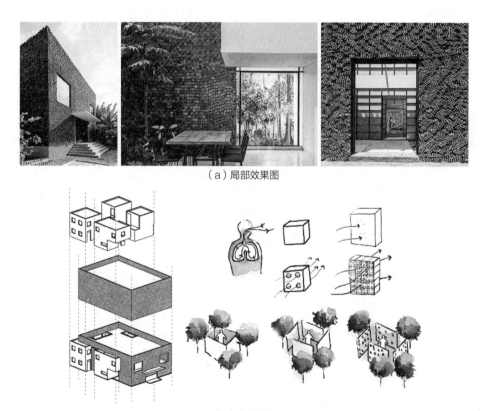

（a）局部效果图

（b）分析图1

图4-3-2 "呼吸墙面"之家
（图片来源：网络）

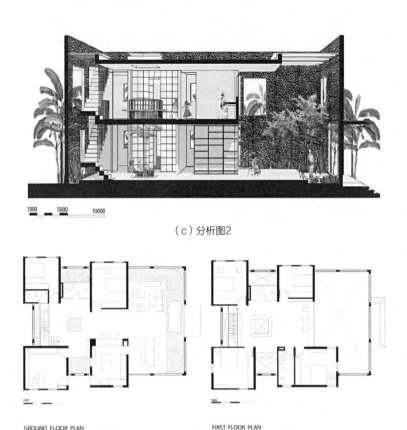

（c）分析图2

GROUND FLOOR PLAN　　　　　FIRST FLOOR PLAN

（d）平面图

图4-3-2　"呼吸墙面"之家（续）

（图片来源：网络）

4.3.3　地景建筑

Biesbosch博物馆（图4-3-3）是游览Biesbosch国家公园的起点。Biesbosch博物馆以其大面积的开窗为特征，面向岛上的花园。博物馆的新老建筑被周围的景观所环绕，屋顶也覆盖了各种花草。起伏的屋顶上建有一条险峻的小路，通向屋顶观景台。新老建筑在设计时都将能耗减少到了最低。大面积的玻璃采用了最先进的隔热玻璃，而不必要使用百叶窗。西北侧的土方工程和绿色屋面同时起到隔热和保温的作用。

生活污水的净化是通过柳树来进行的：柳树可以吸收污水中的氮、磷物质，而这些物质又能帮助柳树生长。净化后的水流入湿地，最终汇入河流。柳树被伐后，可用作生物燃料，用于博物馆的采暖或其他功能。

建筑平面采用六边形的蜂窝状组合，即满足结构和使用要求，又与地形形成有机互动，建筑形态像从地面长出来的绿色母题，成为一座绿色的地景建筑。

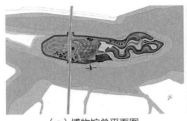
（a）博物馆总平面图

（f）博物馆轴测图1　（g）博物馆轴测图2

（b）博物馆外部实景图1

（c）博物馆外部实景图2

（d）博物馆内部实景图1

（e）博物馆内部实景图2

（h）博物馆屋顶实景图

图4-3-3　荷兰博物馆岛Biesbosch
（图片来源：网络）

4　建筑设计中自然要素的运用　　　167

博物馆岛在2016年的春季竣工，淡水湿地公园从新挖开的小溪中引水。潮汐和季节性的水位变化可以在小溪倾斜的岸边清晰地察觉到。同时，倾斜的溪岸也创造了丰富的动植物多样性。蜿蜒的通往小岛的小路，由于水位的变化也在不断的变化当中。

4.3.4　几何有机体

南宁园博园园林艺术馆（图4-3-4）以嵌入大地、馆园结合为设计理

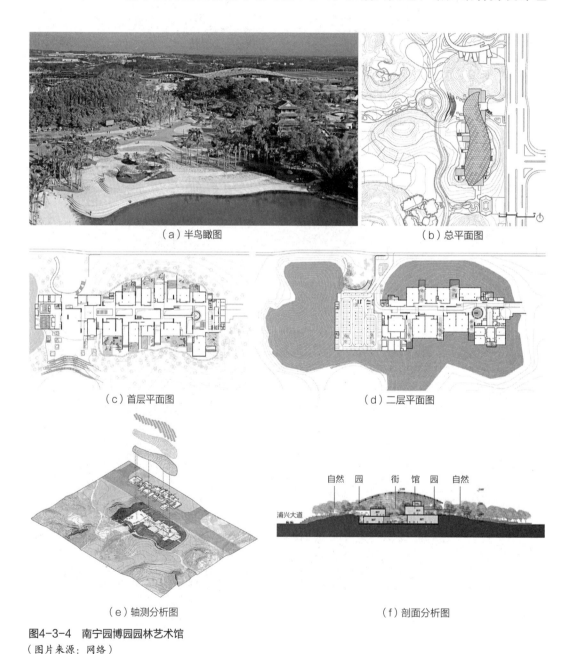

（a）半鸟瞰图　　　　　　　　　　　　（b）总平面图

（c）首层平面图　　　　　　　　　　　（d）二层平面图

（e）轴测分析图　　　　　　　　　　　（f）剖面分析图

图4-3-4　南宁园博园园林艺术馆
（图片来源：网络）

（g）流线型的"天幕"覆于聚落之上

（h）双层空间的聚落模式

（i）整体概览

图4-3-4　南宁园博园园林艺术馆（续）
（图片来源：网络）

念。园林艺术馆用地的现状地形为两座山体，山体的走势成为场地的场所精神最主要的控制要素。方案设计保留了两座山体，园林馆底层开槽隐入山体，嵌入的首层主要以与自然相对隔绝的主题展厅为主。二层聚落式布局位于平台之上，形成丰富的错动肌理；屋盖塑造了棚下观景空间，延续了山形走势，勾勒出了天际线，将建筑融入园区环境。平面为几何规则的空间组合，空间形态自由曲折，与环境有机融合。

方案对待山体的主要策略为：将形体打散，成为一个个小体块，借鉴西南山地民居的特征，将首层嵌入山体内部，形成半覆土建筑，小体块引入街道，形成开敞的室外空间，每个小体块都设有庭院面向自然环境，场馆部分完全隐藏在庭院与自然景观之中。屋顶的走势与周边地形的走势一致，延续了周边场所的特征，屋面的结构形式主要为钢结构，错落有致的结构图案与地面丰富的建筑布局形成对话。

作为风景中的建筑，设计希望尽量采用自然材料与本土材料来呈现建筑表情。一方面，从地方传统建筑中提取与转译有特色的建筑材料——夯土、毛石、木、瓦等；另一方面，结合园区建造过程中产生的"废料"，变废为宝，将碎石、红土等原料，经过设计表达，成为重要的建筑外立面材料。

4.3.5　仪式的场景

丙丁柴窑（图4-3-5）所在的浮梁县前程村，距离景德镇市区不到1小时车程。景德镇柴窑因瓷器烧制以马尾松柴为燃料而得名，是当地流传近两千年烧瓷传统的行业象征。柴窑烧制的瓷器胎骨细腻油润，釉色温润肥厚，色泽含而不露。据说出自柴窑的瓷器有喝茶清香、喝酒不醉、喝咖啡醇厚的感觉。柴窑又称作景德镇窑或镇窑，如同任何历经千年积淀的传统手工艺，正遭遇现代技术和新的烧制方式的冲击。

丙丁柴窑的业主老余夫妇9年前从外地回到家乡景德镇，创立"永和宣"高端瓷器品牌。希望通过丙丁柴窑实现其重塑景德镇蛋型柴窑尊严和当代代表性的抱负。窑房是瓷器烧制的生产车间，需满足从装坯、满窑、打剁等前期准备，到烧窑、熄火、冷却等烧制过程，再到开窑、磨坝子等后期加工这整个瓷器生产程序的空间需求。传统窑房和民居一样主要采用木结构屋顶，砖墙则作为围护结构，起到保护窑炉并满足瓷器烧制整个生产流程的需要。

（a）窑房正面主入口外

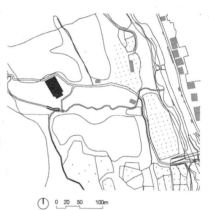

（b）丙丁柴窑区位

（c）烟囱楼梯等垂直要素

（d）柴炉后部平台

图4-3-5　丙丁柴窑

（图片来源：张雷. 景德镇丙丁柴窑的场所精神 [J]. 建筑学报，2020（1）：59-65.）

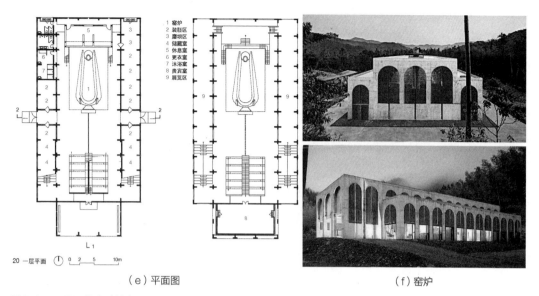

（e）平面图	（f）窑炉

1 窑炉
2 装腔区
3 磨坯区
4 储藏室
5 休息室
6 更衣室
7 沐浴室
8 贵宾室
9 展览区

20 一层平面

图4-3-5 丙丁柴窑（续）
（图片来源：张雷. 景德镇丙丁柴窑的场所精神 [J]. 建筑学报，2020（1）：59-65.）

窑房在过去是一个由木结构排架支撑的功能性生产场所，传统手工艺随时代变迁濒临消失的现实，赋予其特殊的文化和象征意义，激发了前现代性和当代性之间的关联。丙丁柴窑窑炉也许会成为这个时代最后一批手工柴窑，作为行业历史的一部分被记录和保存。丙丁柴窑窑房与窑炉长轴对应来自于窑房传统布局原型，其清晰的空间目的在于将这一具有历史遗址感的前现代手工作坊，塑造成为纪念性场所，表现瓷器烧制这一传承千年的手工技艺及其工匠精神的空间仪式感。仪式感表现的核心是纪念作为核心生产要素和文化遗存的窑炉，而不是建筑本身。未来看现在，窑炉的纪念性和窑房的仪式感成为设计发展的内在动因是历史的必然，丙丁柴窑不仅仅是一栋特别的并充满力量的清水混凝土建筑，其设计目标更在于表现新消费时代不断丧失的形式和内容相统一的基本建构逻辑。

人类通过空间来感知时间，看到不一样的自然，感受不一样的自我。仪式感来自文脉并直达内心，是人、建筑和外在世界之间建立独特关联性的场所精神。仪式感来自传统，更指向新的文明，其本身就是象征物和标志物。窑房空间采用和窑炉双曲面拱顶砖结构类似的混凝土拱作为几何母题，通过强化以窑炉为中心的轴向对称序列营造空间的纪念性。丙丁柴窑窑房采用混凝土结构，作为手工作坊使用起来稳固且耐脏耐用，结构与空间具备了同一性特质，作为均质的背景有利于突出窑炉的纪念属性。在前程这个幽美宁静的丘陵山村，老余夫妇和地方政府希望借助柴窑的复兴，带来更多对景德镇陶瓷产业的关心关注，带来乡村技艺传承和经济发展新的契机。

4.4 空间设计与自然要素

建筑的本质在于空间，因此，建筑空间在自然要素的参与和作用下，能在色彩、声音、材质上带给使用者更多的影响和不同的情感体验。从整体的环境观出发，结合自然要素的形态特点，形成完整、有延续性的建筑与环境，才能赋予建筑内外空间的流动性、渗透性和生命力。

对于建筑空间的组织，首先要处理不同功能空间之间的对比关系。自然的形态、体量变化丰富，与建筑的对比关系也有很多种，如明暗、虚实、质感等。如建筑的竖向形体同水体的平面形象的对比，规整的建筑平面与几何形体感强烈的植物组团方式，利用采光口形成的明暗空间等都是建筑空间与自然对比关系的方式方法，利用水体的通透性和流动性营造具有方向性和引导性的入口空间等，这样的设计方法能给人强烈的视觉感受，使人印象深刻，重要的是自然要素的引入并非分离分割建筑空间的完整性，反而使空间组织更有秩序和层次，相互映照，成为一个不可分割的整体。

自然要素自身有着丰富的形态，能优化建筑内部空间的划分，在进行内部空间布局时，引入自然要素，能使建筑相邻界面产生与自然接触的处理手法，延续空间与空间之间的联系。同时，自然要素其形式、状态、颜色、体量等都有多种可能，要与建筑室内、室外空间形成和谐的整体就要使其适应空间的特征以形成独特的韵律与节奏，如空间的韵律、水体流动产生的韵律、植物组团形式大小的节奏等都能使建筑空间更有趣味、更加引人入胜。

4.4.1 内外空间互动

奥林匹克广场（图4-4-1）是一个硬质景观的梯田广场，位于博物馆综合体的中心。其南面是博物馆主楼建筑，而北面则是咖啡厅。建筑师在广场的设计中，试图再现派克斯峰和落基山脉在明信片上的视觉场景。建筑师设计了一个可容纳230人的圆形剧场，使其在一年四季都可以满足各类活动的举办需求。

位于一楼的大堂中庭是一个40英尺高的空间，建筑师选择了穿孔的玻璃纤维石膏板作为大堂的墙面材料。此外，建筑师还设计了四个内部阳台，旨在来访者游览内部画廊的同时，将来访者的视线重新引入内部中庭。

建筑师一共设计了1800平方米的画廊空间，并进行了空间上的交叠排布，形成了特殊的花瓣状重合感。透过这几个花瓣空间洒入室内的柔光，则进一步为中庭空间提供了充足的光照。博物馆的立面是由9000片形状各异的

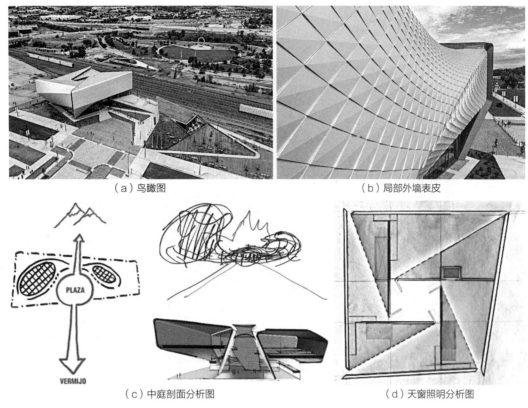

(a) 鸟瞰图   (b) 局部外墙表皮

(c) 中庭剖面分析图   (d) 天窗照明分析图

图4-4-1　奥林匹克广场
（图片来源：网络）

折叠阳极氧化菱形铝板所组成，角度各异的菱形铝板在当地的自然光照下，呈现出迷人的反射光泽。同时，其所产生的颜色和阴影变化，更是赋予了这栋建筑一种独特的活力与动感。

4.4.2　水的空间

元古水屋酒店（图4-4-2）项目的所在地原本是一座完整的三进四合院的其中一进，面积不大（280平方米），院子平面成一个"U"字形，与隔壁墙体形成四面围合。入口处需要一个小服务台，接下来就是，四间客房，倒座房是其中的一间，面积最大，它的格局介于套房和普通客房之间。由于房间的内部标高适宜，考虑了榻榻米方案，床垫直接落地，来增加酒店的放松休闲感。其他三间客房在左手边一字排开，面向院内借景。改造之后的落地窗会增加更多的自然采光，另外屋顶也设计了采光天窗，即使是躺在床上也能感受到自然光线的洗礼。

（a）实景图1　　　　　　　　　（b）实景图2

（c）轴测分析图

图4-4-2　元古水屋酒店

（图片来源：网络）

4.4.3 模糊的空间

为什么用木材？在木头里，有希望、人性、尺度、温暖以及大自然对于碳排放的吸收。木是天然的、多变的、友好的、抗癌的物质。此建筑采用了新研发的交错层压木材，这一材料的应用使建筑展示了工业木材和玻璃的对话，所有的墙面和天花板的结构都是外露的，室内采用天然材料饰面。建筑外表面被一层波纹状的热处理木材包裹，创造了如同舞台上的幕布一般的效果。所有的木材都是美国郁金香木，这种高产的落叶木兰科植物经过精心处理，拥有了原本不具备的典雅质感。

对于内容而非形式的关注贯穿整个设计理念，创造了一个优质的、比例恰当而又简约的惊喜之盒。如图4-4-3（a）所示，建筑师通过一种出乎意料而有力的方式将自然、日光以及地面和天空的景色引入室内。在建筑的正中央是一棵大树，它生长在一个不对称的庭院中间，而整个建筑就翱翔在这个庭院之上。图4-4-3（b）由此创造了一个模糊的空间，人们无法确认是在树屋之内还是之外。它是对于我们与自然的疏离的一个追问，也是对于人性中必须待在室内但是又渴望去室外的矛盾心理的回应。

（a）效果图

图4-4-3 英国奥尔德姆市玛姬疗养中心
（图片来源：网络）

（b）局部效果图

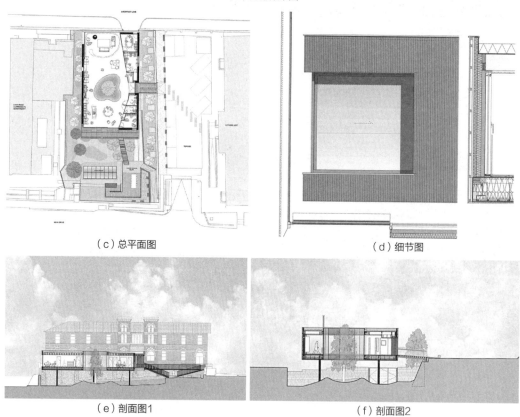

（c）总平面图

（d）细节图

（e）剖面图1

（f）剖面图2

图4-4-3　英国奥尔德姆市玛姬疗养中心（续）

（图片来源：网络）

4.4.4　空间的界限

　　光和风是三联图书馆（图4-4-4）项目的设计切入点。图书馆最重要的就是阅览空间，在海边日照十分充足的情况下，将日光使用到极致是本项目

（a）建筑外观及环境

（b）局部效果图

图4-4-4　三联图书馆

（图片来源：刘东洋，董功. 泊在海边的图书馆——听董功谈三联图书馆建造体会 [J]. 建筑学报，2015（10）：33-39.）

的初衷。因为东向是大海，朝东大面积使用玻璃可以形成相对有利的光条件，在一天中的大部分时间都是从海的方向进入到空间的漫射光；其次，东侧立面的进深使其具有遮阳作用，即使是上午十点之前来自东南方向的直射光也会被刚好1.2米进深中出现的横向扁梁所遮挡，不会照射到阅读区，从而形成良好的阅读光环境；最后，在阅读空间的屋顶上开了很多通风口，光线可以穿过这些空洞在下午某些时间在室内形成游离的光斑，增加氛围感和漫射光线。

4.4.5 折叠的原型

设计以玻璃盒子的经典之作——密斯的范斯沃斯别墅为原型，通过对建筑体量的拉伸、环绕和折叠等动作，获得了减小进深（使建筑更通透）、形成内院（丰富了空间和景观的层次）、亲近水面和利用屋顶（延展可活动和观景的空间）的空间效果。在此，透明使建筑的物质性被消解，作为实体的造型不再重要，重要的是创造流动而透明的空间，以最大化人对建筑外部自然意境的感受。滨水处建筑延伸于水面之上（图4-4-5）。

（a）半鸟瞰图

（b）局部效果图

图4-4-5 水边会所

（图片来源：姚力. 水边会所 [J]. 建筑学报，2012（1）：44-52.）

（b）局部效果图

图4-4-5 水边会所（续）

（图片来源：姚力. 水边会所 [J]. 建筑学报，2012（1）：44-52.）

4.4.6　川西林盘

　　川西林盘是我国最具有特色的乡村人居环境，具有"林在田中，院在林中"的川西意向。"天府新兴·和盛田园东方"（图4-4-6）是一次基于田园场景中的新田园主义哲学的空间实验。此项目位于天府新区成都片区，基地是原有的村集体建设用地。通过这次规划与实践，激活成都近郊能量，形成对城市的重要补充。

　　规划以空间、时间与人的认知共同发展的哲学思考。设计者用现代的办法，解决现在的事情。符合空间的特性，以及与时俱进的使用需求，适合现

（a）规划效果图

（b）和盛书院与田园生活馆鸟瞰图

（c）书院中间四面围合的院落被改造为一个中心讲堂

（d）市集文化广场

（e）和盛书院

图4-4-6 "天府新兴·和盛田园东方"田园综合体
（图片来源：网络）

在的，在未来，就是能被保留下来的。同时，在这样的规划中，设计需要克服表现欲，形态上的表现力不是最重要的。设计团队在规划中选择了延续项目原有的空间基底，把机理调整和聚落整合作为表达方式，着力于从整体角度呈现出一个全新的面貌。

爱尚田园版块是整个项目的心脏，整体项目的智慧中心"和盛书院"是一个非常有趣的嵌套式建筑，在现代的建筑外观之内，包裹着一个完整的老房子。通过以"书院"为核心并延展出一个强文化属性的生活馆，将这个不能动的宅子改造成成都地区乡村振兴产业的"发声场"。在对建筑的调整中，设计师选择了不破与大破的处理方式。以最简单纯粹的空间处理手法，在老房子的顶部加横板，成为一个露台，与田园生活馆之间，以几条简单的横线，融成一体。新旧融合共处。

和盛书院中间是一个类似四合院一样四面围合的院落，设计师通过改造将它变成一个中心讲堂。院落的上方以高耸的天井封闭，塑造出空间的仪式感。同时顶部选择透光天窗处理，让室内与外部自然环境形成连接，通过自然光线的变化，在封闭的空间内又创造出自由与开放的体验。

创智田园版块以田园式、低密度的工作和生活环境吸引成都本地文创、科创、农创企业的新农人，为其提供智能共享的办公环境。共享办公区域和单体办公区域整体规划设计，每个地块的建筑本身是一个整体的同时，又形成原始村落的围合；几个单体办公区域就是一个小组团，组团与组团之间保持一定的距离，既保留了传统乡村建筑布局特点，同时又解决了自然通风、采光、环境不相融等问题。

4.4.7　聚落空间

位于南昆山国家森林公园的民宿聚落（图4-4-7）就是这样的实例。场地原有五栋建于20世纪90年代的砖木结构度假别墅，以极低密度的布局方式，平衡建筑与自然之间的关系。作为艺术民宿聚落中的公共空间，新建筑需承载艺术策展、品牌发布、餐饮聚会等活动，是一个功能多元化的建筑群。

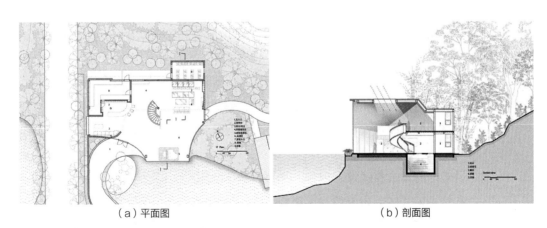

（a）平面图　　　　　　　　　　　　（b）剖面图

图4-4-7　南昆山国家森林公园民宿聚落
（图片来源：网络）

（c）建筑外观

（d）入口庭院

（e）视觉重点

（f）采光方式与内部空间环境

图4-4-7 南昆山国家森林公园民宿聚落（续）
（图片来源：网络）

多向变化的屋面形成内部既连续而又富有变化的空间。旋转楼梯在整个平面的中心联系起上下两层空间。连续变幻的屋面呼应了连续不断的外部环境。

建筑的人字屋顶作为形式原型，回溯洞穴原初的空间形态，力图营造一个蕴含记忆、面向未来的空间。

4.4.8 功能转化

马岩松设计的罗马古城中心的一座街区公寓71 Via Boncompagni的重建项目（图4-4-8），就是一个使建筑利用丰富的空间层次融合于环境之中，富于创意的实例。这座街区公寓建于20世纪70年代，是一座内院式多层办公楼，在街区一角还保留有一座20世纪初建成的小教堂。如何处理这座与周围环境不协调的现代主义建筑，将其重新设计成为一座高级住宅，是设计工作的难点。

不同于古典建筑，现代主义建筑普遍利用梁、柱、楼板作为结构体系，其外墙却大多成为表情和风格的载体。马岩松认为不需要对原有建筑进行拆除和重建，而只需把外墙立面打开，保留结构骨架，插入新的生活单元，即可完成建筑功能的转化。在新的功能单元和原有结构的"缝隙"之间，自然

（a）"书架"式的结构体系

（b）公寓中庭   （c）室内看向中庭

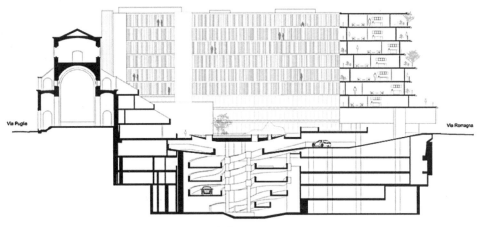

（d）剖面图

图4-4-8　意大利罗马街区公寓
（图片来源：网络）

产生了较多阳台、花园。建筑被打开，立面消失了，建筑和街道的界限模糊了，从而实现了自然与建筑的融合，丰富了空间层次。

最终呈现出的是："书架"式结构体系，形态各异的145套单元住宅，园林与露台。建筑内部也因此获得更多自然景观和光线，使建筑与环境"天然一体"，十分协调，美观实用，空间层次更加丰富。

丰富的空间层次还反映在内部合院的立面上，用半透明金属幕墙，给人以朦胧之中凝视的视觉感。巨大的水池与树影相伴，透过自然光反射着天空的变化，建筑实体的阴影与玻璃幕墙的阴影层层叠叠，映射出多彩的变化，建筑物与自然景物的倒影衍生出丰富的层次。

在罗马这样一座博物馆式的城市里，大多的当代生活被隐藏在古典的外表下，古典的街道由古典风格的立面组成。而一座"被打开"的建筑将生机和真实的都市生活还原给了这个传统街区，将传统的梁柱墙体等结构转化为通透开敞的界面，并通过自然光、植物等自然要素重新界定建筑界面，这样的手法使得建筑产生了更多的视线可能性，建筑空间的趣味性也因此增强。

参考文献

[1] 吴良镛. 广义建筑学 [M]. 北京：清华大学出版社，2011.

[2] 刘敦桢. 苏州古典园林 [M]. 北京：中国建筑工业出版社，2005.

[3] 彭一刚. 中国古典园林分析 [M]. 北京：中国建筑工业出版社，1986.

[4] 程大锦. 建筑：形式、空间和秩序 [M]. 天津：天津大学出版社，2005.

[5] 彭一刚. 创意与表现——当代中国名家建筑创作与表现丛书 [M]. 哈尔滨：黑龙江科学技术出版社，1994.

[6] 汉宝德. 中国建筑文化讲座 [M]. 上海：生活·读书·新知三联书店，2020.

[7] （英）杰森·波默罗伊. 空中庭院和空中花园：绿化城市人居 [M]. 杜宏武，王擎，译. 北京：机械工业出版社，2019.

[8] （德）维尔弗里德·王. SOM专集2 [M]. 杨昌鸣，陈霁，李湘桔，译. 天津：天津大学出版社，2005.

[9] （英）亚当·莫恩蒙特，[英]安娜贝尔·拜尔斯. 城市填空：创意住宅设计 [M]. 张萃，译. 武汉：华中科技大学出版社，2014.

[10] （英）威尔·琼斯. 建筑大师设计草图 [M]. 丁格非，李鸽，译. 北京：中国建筑工业出版社，2016.

[11] （美）乔纳森·安德鲁斯. 建筑构想当代建筑草图、透视图和技术图 [M]. 杨颎，罗佳，译. 刘东洋，译校. 北京：中国建筑工业出版社，2012.

[12]（日）安藤忠雄. 安藤忠雄论建筑［M］. 白林，译. 北京：中国建筑工业出版社，2005.

[13]（挪）克里斯蒂安·诺伯格·舒尔茨. 场所精神：迈向建筑现象学［M］. 施植明，译. 武汉：华中科技大学出版社，2010.

[14]（瑞士）彼得·卒姆托. 建筑氛围［M］. 张宇，译. 北京：中国建筑工业出版社，2010.

[15]（日）黑川纪章. 新共生思想［M］. 覃力，杨熹微，等译. 北京：中国建筑工业出版社，2009.

[16]（西）迪米切斯·考斯特. 建筑设计师材料语言：玻璃［M］. 北京：北京电子工业出版社，2012.

[17]（美）菲利普·朱迪狄欧，（美）珍妮特·亚当斯·斯特朗. 贝聿铭全集［M］. 黄萌，译. 北京：北京联合出版有限公司，2021.

[18]（德）芭芭拉·林茨. 玻璃的妙用（中英德文对照）［M］. 吉少雯，译. 北京：中国建筑工业出版社，2014.

[19]（韩）承孝相. 建筑思维的符号［M］. 徐锋译，傅滔，韩桂花，校译. 北京：清华大学出版社，2008.

[20]（日）高桥鹰志、EBS组. 环境行为与空间设计［M］. 陶新中，译. 董新生，校. 北京：中国建筑工业出版社，2006.

[21]王晓俊. 风景园林设计［M］. 南京：江苏科学技术出版社，2000.

[22]乔洪粤. 种植设计中园林景观的空间建构研究［M］. 北京：北京林业大学出版社，2006.

[23]朱钧珍. 中国园林植物景观艺术［M］. 北京：中国建筑工业出版社，2003.

[24]二十世纪世界建筑. PHAIDON，2013.

［25］AV205（2018）伍重全集杂志.

［26］Tadao Ando 1 Houses&Housing［M］. Japan：TOTO Shuppan，2007.

［27］Tadao Ando 0 Process and Idea［M］. Japan：Toru Kato，2010.

［28］周恺，张一. 天津大学冯骥才艺术研究院［J］. 世界建筑，2006（6）：112.

［29］吴良镛. 建筑文化与地区建筑学［J］. 华中建筑，1997（15）：13-17.

［30］王建国. 光、空间、形式——析安藤忠雄建筑作品中光环境的创造［J］.
建筑学报，2000（2）.

［31］彭建国，汤放华. 论建筑的时代性与地域性［J］. 华中建筑，2011（5）：
164-165，168.

［32］姜超，徐雷，孙琦. 论中国传统建筑中的光文化［J］. 环境艺术，2014（5）：
24-25.

［33］刘滨谊，余畅. 高密度城市中心区街道景观规划设计［J］. 城市规划汇刊，
2012（5）：60-76.

［34］岳天祥. 生物多样性研究及其问题［J］. 生态学报，2012（21）：42-47.

［35］雷诚. 论城市文化意象创造［J］. 重庆建筑大学学报（社科版），2012（9）：
44-47.

［36］刘晓慧，白洁. 引入自然要素的城市空间设计［J］. 华中建筑，2009（2）：
124-127.

［37］贺林. 空间中的水——水构成要素与建筑空间塑造的关联性研究［D］. 天
津：天津大学，2009.

［38］孙萍怡. 建筑设计中的自然要素探析［D］. 郑州：郑州大学，2016.

［39］王未. 建筑光文化表现方法的研究［D］. 北京：北京工业大学，2007.

[40] 侯昆. 自然光作为设计要素在当代建筑设计中的应用研究 [D]. 武汉：武汉理工大学，2007.

[41] 詹红. 建筑与水——现代建筑空间水要素研究 [D]. 重庆：重庆大学，2002.

[42] 杜晓旭. 园林植物空间营造研究 [D]. 天津：天津大学，2015.

[43] 赵文夫. 光·影——浅析建筑空间中的光影设计 [D]. 沈阳：鲁迅美术学院，2014.

[44] 徐大伟. 自然要素在建筑空间意境塑造中的作用研究 [D]. 合肥：合肥工业大学，2010.

◈ 后记

对建筑与自然要素的关注源于长期教学和设计实践中的思考和积累，这次丛书的选题中亦包含相关内容，依此，按丛书的体例，突出案例和可操作性，结合当代建筑创作的新理念、新方法、新材料等，进一步进行了梳理和总结。

付梓之际，几点感受，与诸君共享：

其一，事物的发展有时是朝向未来和本源两个方向进行，就建筑而言，一方面在技术进步的路线上狂奔，另一方面不停回望以往创造的成果，尤其是传统营建所蕴含的智慧，这也反映了建筑后工业化时代的特征。

其二，建筑与自然的关系，涉及建筑的起源和本体问题，是建筑设计中永恒的主题。对建筑的思考涉及建筑—人—自然三者的关系，这是建筑秩序生成的内在机制。东方和西方有着不同的自然观和哲学观，影响了建筑秩序的生成与演进，但在未来发展上，建筑与自然要素日益成为一个发展趋向和交接点。

其三，当代建筑创作的繁荣与活跃，中国成为世界建筑的舞台。改革开放40多年来，国内各地建筑师的创作水平不断提升，在自然要素的运用方面有许多新作品、新理念和新方法值得研究和借鉴，关注本土与创新，与时俱进，中国建筑也逐步走向世界。

其四，自然要素是个复杂、庞然的体系，篇幅所限，重点在案例分析和设计手法总结，有些要素分析较少或不足，这些都是今后要不断完善之处。

感谢中国建筑出版传媒有限公司（中国建筑工业出版社）胡永旭副总编辑、李东禧主任、唐旭主任、吴绫主任对本丛书的支持和帮助！感谢孙硕编辑、陈畅编辑的辛苦工作！

感谢郑州大学建筑学院顾馥保教授的指导和帮助，感谢黄华副教授为本书提供的资料和帮助。感谢参与丛书各分册编写的诸位老师之间的互相交流与协作。感谢相关参考文献、设计实践案例的作者们和相关网站。

在本书的编写过程中，郑州大学建筑学院硕士研究生周菲菲、任玉冰、张帆、李邕、申辰、李文彪、龙岩、王子豪等参与了相关资料收集工作，周菲菲同学参与文稿初步排版工作，以及郑州大学建筑科技集团的文雅、于雷参与了图片扫描工作，在此一并致谢！

郑东军　王若玎

2021年尾，于郑州